电子技术基础实验与实训

主　编	王文平　　张　璐　　程鸣凤
副主编	于得水　　彭兴中　　罗益民
	成晓燕　　李　杨　　郑　灿

北京理工大学出版社
BEIJING INSTITUTE OF TECHNOLOGY PRESS

内 容 简 介

本书配合理论教学的教学顺序，从零基础开始，逐步展开，使学生既要理解理论知识，又要以理论为指导，提高操作技能。为了突出基本技能训练和培养学生分析问题、解决问题的能力，本书分为三篇，一是基础篇，主要介绍常用电子元器件的识别与检测方法、实验常用的仪器仪表等设备的使用方法、电子电路的基本焊接技术；二是实验篇，分别编入了模拟电路实验 12 个，数字电路实验 12 个。三是综合篇，编入了开关电源的安装与调试、数字钟电路的设计与调试，作为专周实训的相应课题。

本书是高职高专电类课程"电子技术""电工电子学""模拟电子技术""数字电子技术"等的配套实验教材，也可作为相关专业相应课程的培训教材。本书依据其教学大纲的要求，结合多年的教学实践及教学设备的实际情况，参考有关资料编写而成。

图书在版编目（CIP）数据

电子技术基础实验与实训 / 王文平，张璐，程鸣凤

主编. -- 北京：北京理工大学出版社，2025.1.

ISBN 978-7-5763-4867-5

Ⅰ. TN

中国国家版本馆 CIP 数据核字第 20256DP844 号

责任编辑：陈莉华　　　文案编辑：陈莉华
责任校对：周瑞红　　　责任印制：施胜娟

出版发行 / 北京理工大学出版社有限责任公司
社　　址 / 北京市丰台区四合庄路 6 号
邮　　编 / 100070
电　　话 / （010）68914026（教材售后服务热线）
　　　　　（010）63726648（课件资源服务热线）
网　　址 / http://www.bitpress.com.cn

版 印 次 / 2025 年 1 月第 1 版第 1 次印刷
印　　刷 / 三河市天利华印刷装订有限公司
开　　本 / 787 mm×1092 mm　1/16
印　　张 / 11.75
字　　数 / 266 千字
定　　价 / 60.00 元

前言

本书根据高职高专教育的特点，在编写的过程中，除了要满足为理论教学服务的需求外，还要着眼于提高学生的操作技能水平，贯彻理论和实践相结合的原则，实现理实一体化教学的要求。

本书是高职高专电类课程"电子技术""电工电子学""模拟电子技术""数字电子技术"等的配套实验教材，也可作为相关专业相应课程的培训教材。本书依据其教学大纲的要求，结合多年的教学实践及教学设备的实际情况，参考有关资料编写而成。

本书配合理论教学的教学顺序，从零基础开始，逐步展开，使学生既要理解理论知识，又要以理论为指导，提高操作技能。为了突出基本技能训练和培养学生分析问题、解决问题的能力，本书分为三篇，一是基础篇，主要介绍常用电子元器件的识别与检测方法、实验常用的仪器仪表等设备的使用方法、电子电路的基本焊接技术；二是实验篇，分别编入了模拟电路实验 12 个，数字电路实验 12 个；三是综合篇，编入了开关电源的安装与调试、数字钟电路的设计与调试，作为专周实训的相应课题。

"电子技术"是一门实践性很强的课程，作为高职高专的基础教育，不断提高学生的操作技能水平，是广大同行共同追求的目标，因编者水平有限，书中若有不妥之处，恳请广大读者和同行批评指正。

编　者
2024 年 12 月

目 录

基 础 篇

实 验 篇

综　合　篇

基 础 篇

项目一

常用电子仪器的使用

📎 项目导入

随着科技的不断进步，电子仪器仪表在各行各业的应用日益广泛。为了保障项目的高效进行和数据的准确性，需要采用一系列先进的电子仪器仪表来辅助工作。本项目通过介绍几种常用电子仪器仪表的使用方法和操作要领，要求学生熟练掌握各类电子仪器仪表的基本操作和功能，能够利用电子仪器仪表进行精确测量，减少人为误差，提高测量数据的准确性，并且能够根据不同的需求选用恰当工具，精确操作，提高工作效率。

"千里之行，始于足下"，大学生要从基础开始，培养严谨细致的工作态度，养成一丝不苟、精益求精的工作作风；培养自己的团队协作能力、沟通能力和正确处理人际关系的能力。严守操作规程，胆大心细，在不断学习的过程中积累经验、提高技能，在积累中创新、在成长中突破。

任务一　指针式万用表的使用

一、技能知识目标

（1）了解指针式万用表的工作原理和特性。

（2）了解指针式万用表的分类。

二、技能操作目标

（1）能够根据需要选择需要的测量仪表。

（2）能够熟练使用指针式万用表。

三、技能训练内容

各种指针式万用表都是由测量机构（表头）、测量线路、转换开关三大部分组成的。

（一）表头

万用表的表头通常采用高灵敏度的磁电系表头，其满偏电流为几十微安。满偏电流越小，表头的灵敏度越高，测量电压时的内阻就越大。表头本身的准确度一般在 0.5 级以上，构成的万用表准确度，直流一般为 2.5 级，交流为 5.0 级。表头的刻度盘上备有对应于不同测量对象的多条标度尺，有的装有反光镜，以减小读数的视觉误差。

（二）测量线路

测量线路是万用表用来实现多种电量、多种量程测量的主要环节。它实际上是由多量程直流电流表、多量程直流电压表、多量程整流系交流电压表以及多量程欧姆表等几种线路组合而成的。构成测量线路的主要元件是电阻元件，包括绕线电阻、电位器等。此外，为了使磁电系测量机构能够测量交流电压，在其测量线路中还设有整流元件。这些元件组成了不同的测量线路后，可以把各种不同的被测电量转换成磁电系表头所能接受的微小直流电流，从而达到一表多用的目的。

（三）转换开关

转换开关由许多固定触头和可动触头组成。可动触头叫"刀"，固定触头叫"掷"。旋转转动开关时，其可动触头（即刀）跟着转动，在不同的挡位上与相应的固定触头（即掷）相接触，从而使对应的测量线路接通。

（四）万用表的正确使用

万用表的结构形式多种多样，面板上的旋钮开关布局也各有差异，图 1.1.1 所示为最常见的 MF500 型万用表面板。在使用万用表之前，必须仔细了解和熟悉各部件的作用，同时还要注意分清表盘上各条标度尺所对应的量。为了正确地使用万用表，一般应遵守三大原则，即转换功能的开关不能错、表笔的插孔不能错、测量时的连接方式不能错。

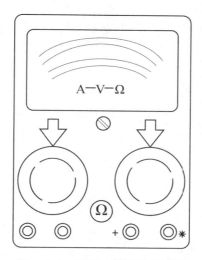

图 1.1.1　MF500 型万用表面板

1. 转换功能的开关不能错

根据被测对象，将转换开关旋到所需要的挡位区及合适的量程，如需要测量交流电压时，应将转换开关旋到标有"V～"区间或"AC V"区间，误选将会带来严重后果。

2. 表笔的插孔不能错

在测量前应检查万用表的测试笔是否插对了位置，一般红色表笔应插在标有"+"的插孔内，黑色表笔应插在标有"−"或是"＊"插孔内，如果万用表不止两个插孔，如MF500 型万用表一般有 4 个插孔，这时，红色表笔就应根据被测对象，准确地选择合适的插孔，否则同样会损坏仪表。

3. 测量时的连接方式不能错

连接方式是指万用表在测量时与被测电路连接的方式，在测量电压时，应将万用表并联在被测线路或电气元件的两端；测量电流时，应将万用表串联在被测线路中。在测量直流电路时，连接时的极性也不能错，即红色表笔接在被测部分的正极或是高电位，黑色表笔应接在被测部分的负极或是低电位。

测量电阻时，应该注意以下几点：

（1）应选择合适的倍率挡。

（2）测量之前，一定要进行调零。

（3）不允许电阻带电时测量其电阻值。

（4）不允许用欧姆挡直接测量微安表的表头检流计等。

（5）测量时手不能触及带电的金属部分。

此外，使用万用表时还应注意不能带电更换量程，测量完毕后，应将转换开关旋置空挡或是最大电压挡。

4. 万用表读数要点

（1）认准刻度线：根据被测量及量程选择，认清应该读的刻度线。

（2）正确换算：当量程选择是多少时，则代表此时指针满偏时的实际测量值就是多少。

面板上的刻度数也叫面板读数，与量程按比例进行换算后可得出实际测量值。

实际测量值＝（量程×面板刻度数）÷满偏格数

当指针在某一刻度位置时，不同的量程选择，代表的实际值是不同的。

任务二　数字式万用表的使用

一、技能知识目标

（1）了解数字式万用表的工作原理和特性。

（2）了解数字式万用表的分类。

二、技能操作目标

（1）能够根据需要选择需要的测量仪表。

（2）能够熟练使用数字式万用表。

三、技能训练内容

数字式万用表如图 1.2.1 所示，它是一种多功能的数字显示仪表，可用来测量直流电压、电流和交流电压、电流以及电阻等，是一种多用途的电子仪器，其结果直接由数字显示。数字式万用表的显示用 $3\frac{1}{2}$ 位、$4\frac{1}{2}$ 位等表示，其中 $\frac{1}{2}$ 位指的是首位只能显示 "0" 或 "1" 数码，而其余各位都能显示 0~9 的十进制数码。下面主要介绍 UT51 数字式万用表的特性及使用方法。

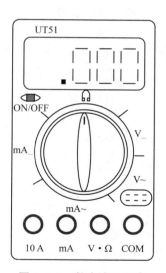

图 1.2.1　数字式万用表

（一）主要特性

（1）显示 $3\frac{1}{2}$ 位，最大显示值为 1 999。

（2）具有自动调零及显示正负功能。

（3）具有超量程显示功能，当输入量超过所选用的量程时显示"1."。

（4）具有全量程过载保护功能。

（5）具有低压显示功能。

（6）电源为 9 V 层叠电池供电。

（7）蜂鸣挡通断测试和晶体管测试功能。

（二）测量范围

UT51 数字式万用表的基本功能及测量范围如表 1.2.1 所示。

表 1.2.1　UT51 数字式万用表的基本功能及测量范围

基本功能	量程	精度	输入阻抗
直流电压挡	200 mV/2 V/20 V/200 V/1000 V	±(0.5%+1)	10 MΩ
交流电压挡	200 mV/2 V/20 V/200 V/750 V	±(0.8%+3)	10 MΩ
直流电流挡	20 μA/200 μA/2 mA/20 mA/200 mA/2 A/10 A	±(0.8%+1)	
交流电流挡	20 μA/200 μA/2 mA/20 mA/200 mA/2 A/10 A	±(1%+3)	
电阻挡	200 Ω/2 kΩ/20 kΩ/200 kΩ/2 MΩ/20 MΩ/200 MΩ	±(0.8%+1)	

（三）使用方法

UT51 型数字式万用表的面板如图 1.2.1 所示，其使用方法同样应遵守三个基本原则，即转换功能的开关不能错、表笔的插孔不能错、测量时的连接方式不能错。

具体使用方法如下：

（1）打开电源开关，测量前将转换开关置于被测量所对应的挡位，并选择合适的量程。

（2）测试笔插在正确位置：黑色测试笔始终插在"COM"插孔，红色测试笔则根据被测量性质的不同，选择不同的插孔。当红色测试笔插入"V·Ω"孔中时，用于测量电压和电阻等；当红色测试笔插入"mA"孔中时，用于测量电流，并且最大值为 200 mA；当红色测试笔插入"10 A"孔中时，用于测量的电流最大值为 10 A。

（3）测量时的连接方式不能错。连接方式是指万用表在测量时与被测电路的连接方式，在测量电压时，应将万用表并联在被测线路或电气元件的两端。测量电流时，应将万用表串联在被测线路中。

任务三　交流毫伏表的使用

一、技能知识目标

（1）了解交流毫伏表的结构和工作原理。

（2）了解交流毫伏表的分类。

二、技能操作目标

（1）能够根据需要选择需要的测量仪表。

（2）能够熟练使用交流毫伏表。

（3）掌握交流毫伏表的使用注意事项。

三、技能训练内容

交流毫伏表是一种用来测量正弦交流电压有效值的电子仪表，可对一般放大器和电子设备进行测量。毫伏表的种类很多，本节主要介绍实验室所使用的 CA2171 型交流毫伏表。

（一）主要特性

（1）测量电压范围为 30 μV～100 V，分为 300 μV、1 mV、3 mV、10 mV、30 mV、100 mV、300 mV、1 V、3 V、10 V、30 V 和 100 V 共 12 挡。

（2）测量电平范围为 -70～+40 dB（0 dBV = 1 V；0 dBm = 0.775 V）。

（3）测量电压的频率范围为 10 Hz～2 MHz。

（4）输入阻抗在 300 mV 以下为 1 MΩ，300 mV 以上为 8 MΩ；输入电容为 50 pF。

（5）测量电压误差以 400 Hz 为基准时为 ±5%。

（二）使用方法

CA2171 型交流毫伏表的面板如图 1.3.1 所示，其使用方法主要有以下几个方面：

（1）开机前如果表头指针不在机械零点处，可用小一字起将其调至机械零点处。

（2）开机前将量程旋钮调至最大值量程处。

（3）当输入信号加至输入端后，调节量程旋钮，使指针位置尽量在大于或等于满刻度的 1/3 处。

（4）测量时为确保测量结果的准确性，必须把仪表的地线与被测电路的地线连在一起。

（5）读数规则。CA2171 型交流毫伏表的面板刻度线有两条：一条为 0～1.1，另一条为 0～3.5。需要注意的是，满量程刻度实际上按 0～1.0 和 0～3.0 进行换算，1.0～1.1 以及 3.0～3.5 的刻度线是为了保护指针而设置的一段缓冲区。这两条刻度线对应着不同的挡位值：若挡位值的第一个有效数字为 1，则读取 0～1.1 这条刻度线；若挡位值的第一个有效数字为 3，则读取 0～3.5 这条刻度线。

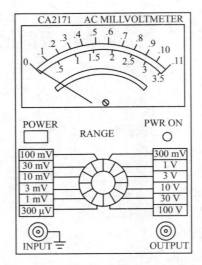

图 1.3.1　CA2171 型交流毫伏表面板

（三）注意事项

　　CA2171 型交流毫伏表只能测电位，不能直接测出电压值。所以在使用时不能像普通的电压表那样，直接并联在测量端测出电压值，而是要用测电位的方法，先测出相应点的对地电位，再用电位相减的方法得到电压值。

任务四　函数信号发生器的使用

一、技能知识目标

（1）了解函数信号发生器的结构及工作原理。

（2）了解函数信号发生器的分类。

二、技能操作目标

（1）能根据实际需要选择函数信号发生器。

（2）能熟练操作函数信号发生器。

（3）掌握函数信号发生器的使用注意事项。

三、技能训练内容

函数信号发生器是一种能产生各种波形且幅值可调、频率可调的信号源，是生产和实验测试中使用最为广泛的电子仪器之一。图 1.4.1 所示为 SFG-1003 函数信号发生器，下面主要介绍其特性及使用方法。

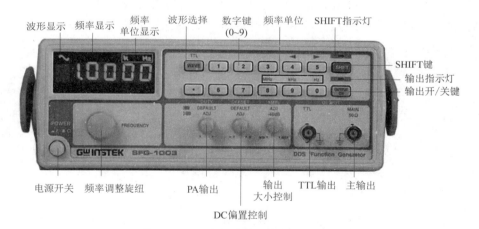

图 1.4.1　SFG-1003 函数信号发生器

（一）主要特性

（1）可输出波形：正弦波、三角波、方波、TTL 波。

（2）输出信号频率：正弦波、方波，0.1 Hz~3 MHz；三角波，0.1 Hz~1 MHz。

（3）输出电压幅值：主信号输出，20 mV ~ 20 V 可调（50 Ω 负载）；TTL 信号输出，≥3 V_{p-p}。

（4）输出阻抗：50 Ω（1±10%）。

（5）衰减器：-40 dB±1 dB。

（6）输出控制：开关切换。

（7）输出端口：主信号输出、TTL 信号输出。

（8）输入电源：AC 100~240 V，50/60 Hz。

（二）使用方法

SFG-1003 函数信号发生器的面板如图 1.4.1 所示，其使用方法主要如下：

（1）打开电源开关，接通电源。

（2）选择信号波形，利用"WAVE"按钮选择需要的信号。

（3）调节波形频率。

a. 频率调整旋钮，该旋钮为 360°可调，调节时频率值变化较小，适合于小范围调整。

b. 用数字键调节频率，其操作方法为："频率值"→"SHIFT"→"频率单位"。

（4）主信号的输出电压幅值调节，用"AMPL"旋钮（此旋钮拉出时信号"衰减 40 dB"后再输出），调节输出电压大小。

（5）输出控制，将输出开/关键置于亮灯状态。

（6）选择输出端插孔输出信号，模拟信号用主输出端口，数字信号用 TTL 输出端口。

（三）注意事项

（1）大多数电子仪器都需要 220 V 交流电源供电。

（2）电子仪器一般需要 3~5 min 的预热时间才能稳定工作。

（3）根据被测量选用恰当的测量仪器，才能得出准确的测量结果。

（4）实验过程应尽量避免交流干扰，因此电子仪器应与被测电路共地。

（5）电子仪器的波段开关、调节旋钮等都有一定的强度限度，使用时注意旋转力度要适中，以免损坏仪器。

任务五 数字式示波器的使用

一、技能知识目标

（1）了解示波器的工作原理及分类。

（2）了解示波器的测量方法。

二、技能操作目标

（1）掌握示波器的使用方法。

（2）掌握用示波器测量和分析信号的方法。

（3）掌握波形参数的读取方法。

三、技能训练内容

示波器是一种用途十分广泛的电子测量仪器，它能把肉眼看不见的电信号变换成看得见的图像，便于人们研究各种电现象的变化过程。

示波器分为模拟示波器和数字示波器。数字示波器不仅具有多重波形显示、分析和数学运算功能，波形设置和位图文件存储功能，自动光标跟踪测量功能，波形录制和回放功能等，还支持即插即用 USB 存储设备和打印机。

（一）用示波器测交流电压

电压值的测量一般是直接测量交流电压的峰-峰值 U_{P-P}，而频率的测量则是先测出周期，再经过计算来得到频率 f。

（1）输入信号。通过示波器的探头线将信号输入示波器中，并注意探头的衰减倍数。

（2）显示波形。将示波器的通道显示方式置"DC"挡，并选择适当的电压挡位和时间挡位，使波形稳定，易于观察和读数。

（3）读取参数。根据图 1.5.1 所示，读出周期和峰-峰值电压在示波器上显示出来的格数。

（4）数据处理。

$$U_{P-P}=纵向格数×V/div × 探头的衰减倍数$$
$$T=横向格数×t/div$$
$$f=1/T$$

在进行计算时要注意，频率的单位用 Hz，周期的单位用 s；我们习惯称呼的电压值是指有效值电压，所以计算出来的峰-峰值电压还应换为有效值电压，其换算需要根据波形的不同来选择换算关系。对于正弦波：$U_有=\dfrac{U_{P-P}}{2\sqrt{2}}$；对于方波：$U_有=\dfrac{U_{P-P}}{2}$。

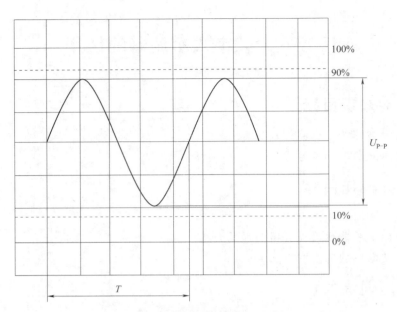

图 1.5.1　峰-峰值和周期的测量

（二）示波器的功能使用

以 GDS-1062A 型数字示波器为例，简要介绍数字示波器的基本使用方法，其前面板如图 1.5.2 所示，功能及其中英文对照图如图 1.5.3 与图 1.5.4 所示。

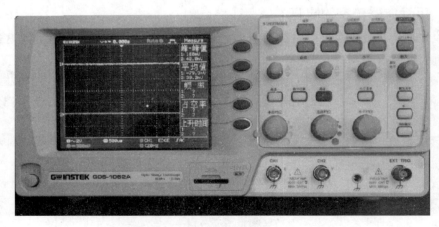

图 1.5.2　数字示波器 GDS-1062A

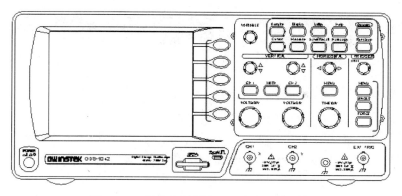

图 1.5.3　数字示波器 GDS-1062A 前面板

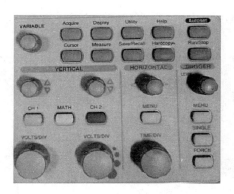 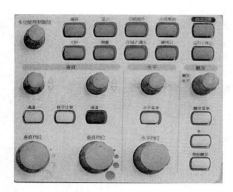

图 1.5.4　GDS-1062A 前面板中英文对照图

GDS-1062A 前面板的各按键及其功能对照表如表 1.5.1 所示。

表 1.5.1　GDS-1062A 前面板的各按键及其功能对照表

按键外形	功能
	开启 LCD 左边的功能键
VARIABLE	多功能旋钮
Acquire	采样系统设置

续表

按键外形	功能
Display	显示器设定
Utility	辅助功能设置（硬拷贝、语言、探棒补偿）
Help	在显示器上显示帮助的内容
Autoset	自动设置
Cursor	光标测量
Measure	自动测量
Save/Recall	储存或调出数据
Hardcopy	复制数据到 SD 卡
Run/Stop	运行/停止

续表

按键外形	功能
TRIGGER LEVEL	设定触发电平
MENU（第一列）	触发菜单
SINGLE	单次触发模式
FORCE	强制触发模式
MENU（第二列）	水平设置菜单
◁ ▷	设定波形的水平位置（左右移位）
TIME/DIV	水平挡位
△▽	设定波形的垂直位置（上下移位）

按键外形	功能
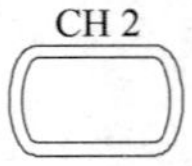 CH 2	通道选择和设置
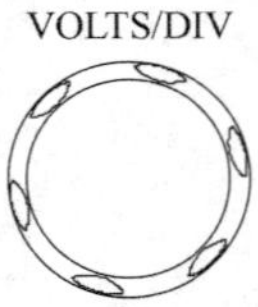 VOLTS/DIV	垂直挡位
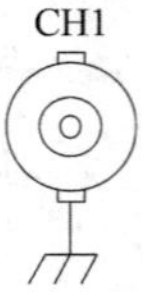 CH1	输入信号：1 MΩ（1±2%）输入阻抗
	接地端子
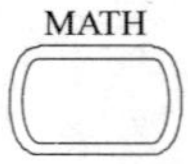 MATH	执行数学运算
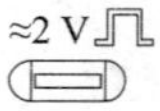 ≈2 V	输出 2 V_{p-p}、1 kHz 方波信号
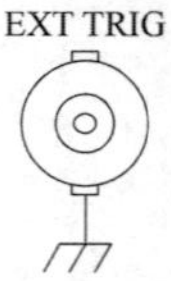 EXT TRIG	外部触发信号输入口
 POWER	打开或关闭示波器电源

1. GDS-1062A 数字示波器前操作面板

（1）常用菜单区与功能菜单区。如图 1.5.5 所示，按功能菜单中任一按键，屏幕右侧会出现相应的功能菜单。通过功能菜单操作区对应的 5 个功能按键可选定功能菜单的选项。功能菜单选项中有 ">" 符号的，表明该选项有下拉菜单，可以用功能键进行选择。

图 1.5.5　常用功能菜单二级显示

（2）执行按键区。有 "Autoset"（自动设置）和 "Run/Stop"（运行/停止）2 个按键。按下 "Autoset" 键，示波器将根据输入的信号，自动设置和调整垂直、水平及触发方式等各项控制值，使波形显示达到最佳观察状态。如需要，还可进行手动调整。

"Run/Stop" 键为 "运行/停止 波形采样" 按键，如图 1.5.6 所示。自动运行状态时，屏幕上会显示绿色 "Auto" 字样；停止状态时，示波器将停止波形采样并且在屏幕上会显示红色 "Stop" 字样。

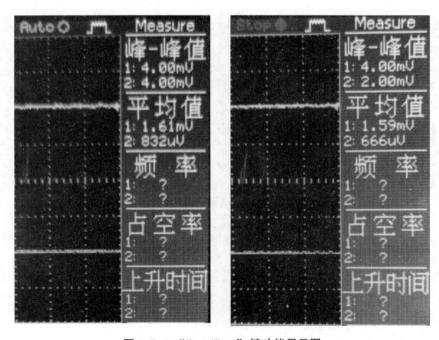

图 1.5.6　"Run/Stop" 键功能显示图

（3）垂直控制区。如图 1.5.7 所示，GDS-1062A 可以同时输入和显示两路信号，每路信号包含一个信号输入端（CH1 或 CH2）、一个垂直挡位旋钮、一个通道选择按钮、一个上下移位旋钮。

◎：用于对波形进行垂直方向的移位。

"垂直挡位"旋钮：用于调整波形显示幅值，其挡位值在显示器坐标线外的左下角分别用1和2进行显示。

通道选择按键：用黄色和蓝色分别区别为通道一和通道二。如果要将某个通道所显示的波形消除，只需将对应的通道选择按键连续按两下，当需要再恢复该通道波形显示时，再按一下对应通道选择按键即可。在选择好通道后，其二级显示如图1.5.7（b）所示，可再进行相应的选择。

"数学计算"按键：用于对两个通道的信号进行数学计算，计算后的信号用红色波形显示。

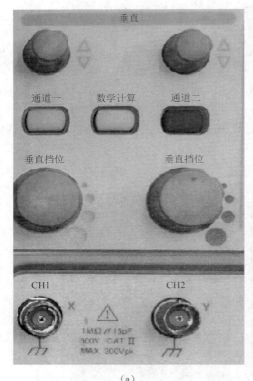
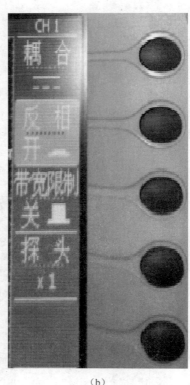

（a）　　　　　　　　　　　　（b）

图 1.5.7　垂直控制区和通道选择显示

（a）垂直控制区；（b）通道选择二级显示

（4）水平控制区。如图1.5.8所示，水平控制区用于设置水平时基。

◁◎▷旋钮：用于水平方向的移位。水平移位旋钮调整信号波形在显示屏上的水平位置，转动该旋钮时波形随旋钮转动而水平移动。

"水平挡位"旋钮：用于调整水平时基值，其挡位值在显示器坐标线外的下方并用白色字体显示。转动该旋钮将改变"s/div"（秒/格）水平挡位值。

"水平菜单"按键：当按下"水平菜单"按键时，二级显示如图1.5.8（b）所示，可再进行对应选择。

（5）触发控制区。如图1.5.9所示，触发控制区用于触发系统的设置。转动"触发电平"调节旋钮，在屏幕的坐标线左下角会显示黄色字体的"Trigger"和触发电平的数值，并且会在约5 s后消失。按"触发菜单"按键可调出触发功能菜单，改变触发设置。"单一"按键为单次触发；"强制触发"按键，用于强制触发。

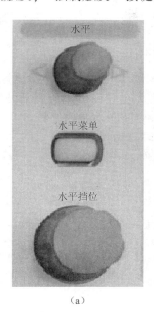

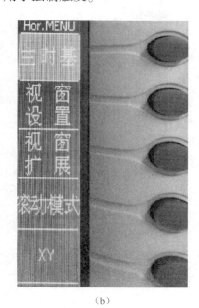

（a）　　　　　　　　　　　　　（b）

图1.5.8　水平控制区和水平菜单二级显示

（a）水平控制区；（b）水平菜单二级显示

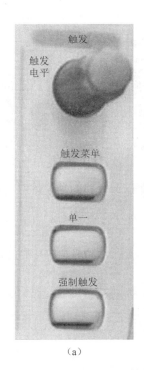

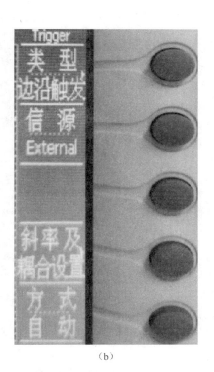

（a）　　　　　　　　　　　　　（b）

图1.5.9　触发控制区和触发菜单二级显示

（a）触发控制区；（b）触发菜单二级显示

2. 示波器测量信号时的操作方法

在示波器正常工作并输入测量信号后，其使用可以按下列步骤进行：

（1）选择通道，根据输入信号的端口，按"通道一"或"通道二"键，选择要使用的通道。

（2）显示波形，按"Autoset"按键，显示观测波形。

（3）按"Measure"按键，测出波形参数。

（4）选择参数，在自动测量的情况下，示波器会自动测量出所有的波形参数并在屏幕右边进行显示，但只能同时显示 5 个参数，如果需要的参数没有显示出来，此时我们需要将没有被显示的参数查找出来，具体方法是：先将不需要的参数所对应的功能键按下（此时会有单一的参数显示出来），再用多功能旋钮选择需要的参数，最后再按"上页"对应的按钮返回。

（5）冻结波形和参数，在波形不稳定或者参数不停变化的情况下，可以利用"Run/Stop"按键，将波形扫描处于"Stop"状态，方便记录波形和参数。

项目二

常用电子元器件的识别

项目导入

在电子设备和电路设计中，电子元器件是构成电路系统的基本单元，其种类繁多，功能各异，一个电子线路通常是由电阻器、电容器、晶体管、集成电路、电感器等元器件组成的。因此，对于电子工程师和技术人员来说，掌握常用电子元器件的识别与检测至关重要。本项目旨在帮助学习者熟悉和掌握常用电子元器件的外观、参数识别以及检测方法，为后续的学习打下坚实基础。

在现代电子技术中，由各种元器件构成的集成电路产业，是衡量一个国家科技实力的重要标志，虽然我国在航天、高铁、量子通信等高科技领域已经取得了世界领先地位，但是在很多智能制造，比如智能手机、电脑、高端机床等领域，依然存在着"缺芯少核"的问题，使自身的发展一直受制于人。作为当代大学生，既不要光空喊口号，也不要妄自菲薄，而是要脚踏实地，从基础做起，努力学习专业知识，不断开拓创新，提高自己的技能水平和科技攻关能力，以祖国的强盛为己任，为中国的科技发展贡献自己的力量。

任务一　电阻器的识别与检测

一、技能知识目标

（1）了解电阻器的分类和作用。
（2）了解电阻器的标示方法和命名方法。

二、技能操作目标

（1）掌握电阻器参数的读取方法。
（2）掌握用万用表测量电阻值的方法。

三、技能训练内容

电阻器是电气、电子设备中使用最多的基本元件之一，主要用于控制和调节电路中的电流和电压，或用作消耗电能的负载。

电阻器有固定电阻和可变电阻之分，可变电阻常常称为电位器。

电阻器有不同的分类方法。按材料分，有碳膜电阻、金属膜电阻和绕线电阻等不同的类型；按功率分，有 1/8 W、1/4 W、1/2 W、1 W、2 W 等额定功率的电阻；按电阻值的精度分，有精确度为 ±5%、±10%、±20% 的普通电阻，还有精确度为 ±0.1%、±0.2%、±0.5%、±1%、±2% 等的精密型电阻。电阻的类别可以通过外观的标记加以识别，如图 2.1.1 所示。

固定电阻　　　　可变电阻　　　　电位器　　　　热敏电阻

图 2.1.1　常用电阻器的电路符号

电阻的基本单位是欧姆（Ω），常用的单位还有千欧（kΩ）、兆欧（MΩ），其换算关系为：

$$1 \text{ M}\Omega = 10^3 \text{ k}\Omega = 10^6 \text{ }\Omega$$

1. 固定电阻

固定电阻的主称为 R，其主要参数有标称阻值、额定功率和允许误差，常用固定电阻外形如图 2.1.2 所示。

碳膜电阻　　　　金属膜电阻　　　　热敏电阻　　　　实芯碳质电阻

图 2.1.2　常用固定电阻外形

（1）电阻值的标识方法。

电阻器的阻值和允许误差的标注方法有直标法、文字符号法、色环标注法、数字标注法4种。

①直标法。

将电阻的阻值和允许误差直接用数字和字母印在电阻上（无误差标示为允许误差±20%）。例如一个电阻标注为1.5K±5%，则表示其电阻值为1.5 kΩ，误差为±5%。也有的厂家常用习惯标注法，需要注意的是，在这种标注法中，有Ⅰ级（±5%）、Ⅱ级（±10%）、Ⅲ级（±20%）等不同的等级，这类电阻标注的读数方法如表2.1.1所示。

表2.1.1　固定电阻习惯标注法读数方法

电阻标注	标称阻值	误差
3Ω3　Ⅰ	3.3 Ω	±5%
1K8　Ⅱ	1.8 kΩ	±10%
5M1　Ⅲ	5.1 MΩ	±20%

②文字符号法。

这种方法是将单位符号标注在小数点的位置上，单位符号的前面是整数部分，后面是小数部分，误差用字母表示，例如：3M3K，表示阻值为3.3 MΩ、允许误差为±10%。在这种标注法中，允许误差与字母的对应关系如表2.1.2所示。

表2.1.2　电阻（电容）器偏差标志符号表

允许误差	标志符号	允许误差	标志符号	允许误差	标志符号
±0.001%	E	±0.1%	B	±10%	K
±0.002%	Z	±0.2%	C	±20%	M
±0.005%	Y	±0.5%	D	±30%	N
±0.01%	H	±1%	F		
±0.02%	U	±2%	G		
±0.05%	W	±5%	J		

③色环标注法。

将不同颜色的色环标注在电阻体上，用不同的颜色来表示电阻器的阻值和允许误差，其电阻值的计算方法为：有效数字×倍乘数±误差，单位为Ω。各种颜色所对应的数值如表2.1.3所示，固定电阻色环标注法读数方法如表2.1.4所示。

表2.1.3　固定电阻色环颜色的意义

颜色	黑	棕	红	橙	黄	绿	蓝	紫	灰	白	金	银	无色
数值	0	1	2	3	4	5	6	7	8	9			
倍乘数	10^0	10^1	10^2	10^3	10^4	10^5	10^6	10^7	10^8	10^9	10^{-1}	10^{-2}	
误差/%		±1	±2			±0.5	±0.2	±0.1			±5	±10	±20

表 2.1.4　固定电阻色环标注法读数方法

电阻标注	读数方法	标称阻值	误差
红红棕金	22×10^1 Ω±5%	220 Ω	±5%
棕黑黑红棕	100×10^2 Ω±1%	10 kΩ	±1%
蓝紫银金	67×10^{-2} Ω±5%	0.67 Ω	±5%
棕紫绿金棕	175×10^{-1} Ω±1%	17.5 Ω	±1%

色环电阻的生产方式有两种：一种是四道色环，一种是五道色环，其表示方法如图 2.1.3 所示。

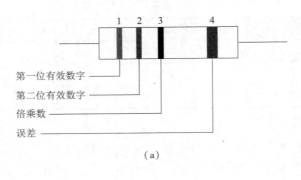

（a）

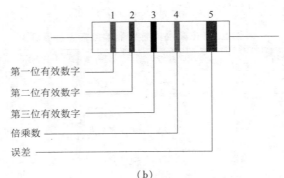

（b）

图 2.1.3　固定电阻色环标志读数识别规则

（a）普通型电阻；（b）精密型电阻

④数字标注法。

此表示法常用于 CHIP 组件中，即贴片电阻中。

a. 用三位数字表示电阻的阻值，其中前两位为有效数字，而第三位为倍率，误差为±5%。

例如，334 表示：33×10^4 Ω±5% = 330 kΩ±5%；

275 表示：27×10^5 Ω±5% = 2.7 MΩ±5%。

b. 用四位数字表示电阻的阻值，其中前三位为有效数字，而第四位为倍率，误差为±1%。

例如，1002 表示：100×10^2 Ω±1% = 10 kΩ±1%。

c. 当出现小数点时，小数点的位置用字母 R 代替，R 的前面为整数，后面为小数。

例如：R56 ＝0.56 Ω。

（2）电阻器额定功率的识别。

电阻器的额定功率指电阻器在电路中长期连续工作所允许消耗的最大功率。它有两种标注方法：2 W 及以上的电阻，直接用数字印在电阻体上；2 W 以下的电阻，以自身体积的大小来表示功率。在电路图上表示电阻功率时，采用如图2.1.4所示符号。

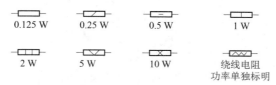

图2.1.4　电阻额定功率电路符号

2. 可变电阻

可变电阻通常称为电位器，其主称为 W，电路中也习惯用 R_W 来表示。从形状上分有圆柱形、长方体形等多种形式；从结构上分有直滑式、旋转式、带开关式、带锁紧装置式、多连式、多圈式、微调式和无接触式等多种形式；从材料上分有碳膜、合成膜、有机导电体、金属玻璃釉和合金电阻丝等多种电阻体材料。碳膜电位器是较常用的一种。

电位器在旋转时，其相应的阻值依旋转角度而变化。按其变化规律有以下3种不同的形式。

（1）直线型：其阻值按角度均匀变化，它适于作分压、调节电流等。

（2）指数型：其阻值按旋转角度依指数关系变化，其阻值变化开始缓慢，后变快，它普遍用于音量调节电路中。

（3）对数型：其阻值按旋转角度依对数关系变化，其阻值变化开始快，以后缓慢，这种电位器多用于仪器设备的特殊调节，例如在电视机中用于调节黑白对比度。

电路中进行一般调节时，采用价格低廉的碳膜电位器，如图2.1.5所示；在进行精确调节时，宜采用多圈电位器或精密电位器。

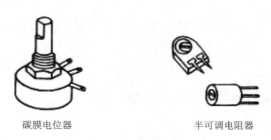

碳膜电位器　　　　　　　　　　半可调电阻器

图2.1.5　常用电位器外形图

3. 电阻器的简单测试

（1）用指针式万用表测固定电阻，如图2.1.6所示。

①将指针式万用表工作方式置欧姆挡，并选用适当的倍乘挡位。

②欧姆挡调零。将"红""黑"两表笔短接，指针即会向"0"偏转，调整欧姆挡的零点调节旋钮，使指针准确地指示在零位上，然后将两表笔分开。

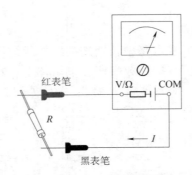

图 2.1.6 用指针式万用表测固定电阻

③将两表笔分别接被测电阻的两根引脚，此时表针指示的数值乘以倍乘挡位值即为被测电阻的阻值。

在测试电阻时，应注意以下几个问题：

①要选用适当的倍乘挡位，使指针处在表盘中心的 1/10～10 倍的范围内。

②每转换一次倍乘挡位都要进行一次调零。

③测试电阻时，人体不能同时接触电阻的两根引脚，以保证测量精度。

④万用表的短接调零时间不宜过长，以免损坏仪表。

（2）用指针式万用表测可变电阻，如图 2.1.7 所示。

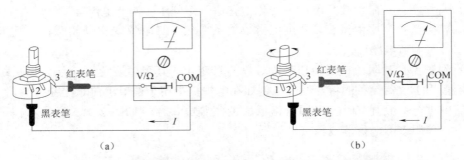

图 2.1.7 用万用表测可变电阻（1、3 为固定端，2 为活动端）
（a）固定端电阻测量；（b）可变端电阻测量

①固定端电阻值的测量。

电阻器两个固定端的阻值即为可变电阻器的标称值，其测试方法与固定电阻器阻值的测量方法相同。

②可变电阻值的测量。

用万用表测可变电阻器活动端和固定端之间的电阻时，可缓慢调节电位器的调节旋钮，这时表针应平稳地移动而不应有急剧的变化，其数值可以从 0 变化到可变电阻器的标称值。如果指针有突然的变化或停止不动的现象，说明电位器接触不良或已损坏。

若电位器带有开关，则应先测其开关状态是否正常。

任务二　电容器的识别与检测

一、技能知识目标

（1）了解电容器的分类和作用。

（2）了解电容器的标示方法和主要参数。

二、技能操作目标

（1）掌握电容器主要参数的识别方法。

（2）掌握用万用表测量电容值的方法。

三、技能训练内容

电容器也是组成电子电路的基本元件，在电路中所占的比例仅次于电阻。电容器用符号 C 来表示。根据电容器充电、放电和隔直通交的特性，在电路中将其用于隔断直流、耦合交流、旁路交流、滤波、定时和组成振荡电路等。

电容器也有固定电容和可调电容之分，而可调电容则有两种：一种是容量完全可调的电容，另一种是容量只能在一定范围内可调的微调电容。按电容的介质材料分，有瓷介电容、纸介电容、云母电容、涤纶电容、独石电容、铝电解电容、钽电解电容、铌电解电容等类型，如图 2.2.1 所示。常用电容器电路符号如图 2.2.2 所示。

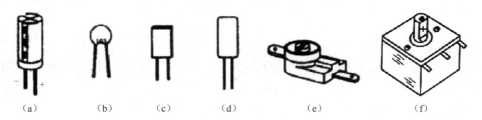

图 2.2.1　常用电容分类

（a）电解电容；（b）瓷介电容；（c）玻璃釉电容；（d）涤纶电容；（e）微调电容；（f）双联可调电容

图 2.2.2　常用电容器电路符号

电容器的主要参数有标称容量、允许偏差和耐压等。

1. 电容器的单位

电容器的常用单位有微法（μF）、纳法（nF）、皮法（pF），它们与基本单位法拉（F）的换算关系如下：

$$1\ F = 10^3\ mF = 10^6\ \mu F = 10^9\ nF = 10^{12}\ pF$$

2. 电容器的标注

（1）直标法。

这种方法是将电容器的容量、允许误差和耐压等参数直接标注在电容体上，常用于对电解电容的标注。

（2）文字符号法。

使用文字符号法时，容量的整数部分写在容量单位符号的前面，小数部分则写在容量单位的后面。

例如：0.33 pF 写为 p33；1.2 pF 写为 1p2；6 800 pF 写为 6n8；4 700 μF 写为 4m7。

10 pF 以下电容器的允许误差用标志符号来标注，其允许误差与标志符号的对应关系可参考电阻（电容）器偏差标志符号表（见表 2.1.2）。

（3）数字标注法。

在一些瓷片电容上，常用三位数字表示标称容量，此方法以 pF 为单位。三位数字中，前两位表示容量的有效数字，第三位是以 10 为底的倍乘数，但要注意的是，若第三位数字是 9 时，则表示 $\times 10^{-1}$。例如，表 2.2.1 所示的电容数字标注法读数方法。

表 2.2.1　电容数字标注法读数方法

电容标注	读数方法	容量
103	10×10^3 pF	0.01 μF
104	10×10^4 pF	0.1 μF
159	15×10^{-1} pF	1.5 pF
474	47×10^4 pF	4.7 μF

其误差有的直接标注，有的用字母表示，相应的对应关系可参考电阻（电容）器偏差标志符号表（见表 2.1.2）。

（4）色标法。

电容器的色标法原则上与电阻器的色标法相同，标志的颜色符号与电阻器采用的颜色符号相同，其单位为皮法（pF）。电解电容的工作电压有时也采用颜色标注，如用棕色表示 6.3 V，用红色表示 10 V，用灰色表示 16 V，色点都标注在正极上。

3. 电容器的简单测试

电容器引线断线、电解液漏液等故障可以从外观看出。对于电容器内部的质量好坏，可以用仪器检查。常用的仪器有电容表、万用电桥等。一般情况下可以用万用表判别其好、坏，对质量进行定性分析。

（1）无极性电容的判别（5 000 pF 以上）。

用指针式万用表 R×1K 或 R×10K 挡，将万用表两根表笔分别接电容器的两根引脚，使电容充电，再交换两根表笔，给电容放电，此时万用表的指针会按顺时针方向偏转一定的角度，然后再缓慢复原，即退至 $R = \infty$ 处，若有此现象，说明电容是好的，若不能复原至 ∞ 处，则稳定后的读数就是电容的漏电阻值，其值一般为几百至几千千欧，阻值越大，说明电容器的绝缘性能越好。当电容的漏电阻在 500 kΩ 以上时性能较好，在 200 kΩ 以下时漏电较为严重。在测量中，如果电容的容量越大，指针偏转的角度就会越大，复原至 ∞ 处所需的时间就会越长。其测量方法如图 2.2.3 所示（为方便理解，图中将电容的两根引脚分别设定为 1 和 2）。

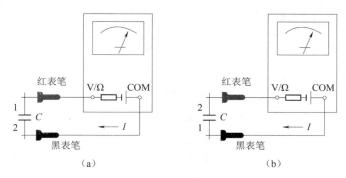

图 2.2.3　无极性电容的判别

（2）电解电容极性的判别。

电解电容的正、负极性不能接错，当极性接反时，可能会因为电解液的反向极化而引起电解电容的爆裂。电解电容的负极在电容体上都标注了"－"。

①通过外观识别。

对于没有使用过的电解电容，可以通过引脚的长短来识别正负：长正短负。也可以通过电容体上的颜色带来判断，带"－"号的颜色带对应的引脚为负极，如图 2.2.4 所示。

图 2.2.4　电解电容极性识别

②通过测量识别。

当电容的极性标记无法识别时，可以用指针式万用表进行测量，其测量方法同图 2.2.3 所示。根据电解电容正接时漏电阻阻值大、反接时漏电阻阻值小的特点可以判别其极性。（所谓正接是指黑表笔接电解电容的正端，红表笔接电解电容的负端；反接则是指黑表笔接电解电容的负端，红表笔接电解电容的正端）。用万用表对电解电容的电阻值进行正向、反向两次测量，根据测量值的大小，电阻值大的一次，黑表笔接的是电解电容的正端。

在测量电解电容时要注意，电解电容的容量比无极性电容的容量要大很多，所以在测量时要根据不同的容量选择合适的量程，对于已经使用过的电容（尤其是高压电容），要先放电后再进行测量，否则会损坏仪表。

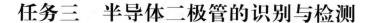

任务三　半导体二极管的识别与检测

一、技能知识目标

（1）了解二极管的种类、作用、标示方法。

（2）了解二极管的主要参数。

二、技能操作目标

（1）掌握通过外形识别二极管极性的方法。

（2）掌握用万用表测量二极管的极性与好坏的方法。

三、技能训练内容

半导体二极管由一个 PN 结、电极引线以及外壳封装构成。二极管最大的特点是具有单向导电性：正向导通、反向截止。通常小功率二极管的正向电阻为几百至几千欧姆，反向电阻则为几千欧姆至几百千欧姆，正向电阻和反向电阻的差值越大越好。

二极管的主要作用有检波、整流、开关、混频、稳压、光电转换等。每种二极管有不同的符号标注，如用 2AP 表示检波、2CW 表示稳压、1N4000 系列表示整流等，这在二极管的管体上有明确的型号标注。

（一）半导体二极管的分类

（1）二极管按材料可分为硅二极管、锗二极管、砷化镓二极管等。

（2）二极管按工作形式可分为点接触型和面接触型两种，点接触型二极管的工作频率高，但不能承受较高的电压和较大的电流，多用于检波、小电流整流或高频开关电路；面接触型二极管的工作电流和功率都较大，但适用的频率较低，多用于整流、稳压、低频开关电路等。在选用时要综合考虑电压、电流、频率等因素。

（3）二极管按用途可分为整流二极管、稳压二压管、检波二极管和开关二极管等。

常见二极管的实物外形如图 2.3.1 所示。

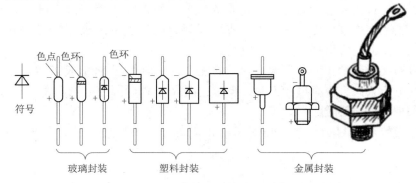

图 2.3.1　常见二极管的实物外形

常见二极管的电路符号如图 2.3.2 所示。

图 2.3.2　常见二极管的电路符号

（二）　二极管的主要参数

（1）最大正向电流 I_F：二极管长时间安全工作时所允许流过的最大正向平均电流。这个值由 PN 结结面积和散热条件决定，超过此值工作可能导致二极管过热而损坏。

（2）反向工作峰值电压 U_{RM}：为保证二极管不被反向击穿而规定的最大反向工作电压，一般为反向击穿电压的一半。

（3）反向饱和电流 I_S：二极管未被击穿时，流过二极管的最大反向电流。反向饱和电流越小，二极管的单向导电性就越好。一般情况下硅管优于锗管。

（4）最高工作频率 f_M：二极管维持单向导电性的最高工作频率。由于二极管中存在结电容，当频率很高时，电流可直接通过结电容，破坏二极管的单向导电性。

（三）　二极管极性与好坏的测试

（1）通过外观识别极性。

一般情况下，二极管的极性都会进行标注，主要的方法有三种：电路符号标注、色环标注、色点标注。当采用电路符号标注时，可以根据电路符号的指引，确定极性，如 2AP1～2AP7；当采用色点、色环标注时，有色点、色环的那一端为负极，如 1N4000 系列。对于发光二极管，可以根据引脚长短来识别，长引脚为正极，短引脚为负极，即长正短负。

（2）普通二极管检测。

二极管的极性和好坏可以用万用表进行检测。其依据就是二极管的单向导电性，正向电阻小、反向电阻大的特点。

当采用指针式万用表时，必须选用 $R×1K$ 或 $R×100$ 挡，将万用表的两根表笔分别接二极管的两根电极，测出第一个电阻值；再交换两根表笔的位置，测出第二个电阻值。通过这两次测量，就得到了二极管的正向电阻值和反向电阻值，比较两个电阻值的大小，电阻小的一次，黑表笔接的是二极管的正极。指针式万用表的欧姆挡在使用时，黑表笔接内部电池正端、红表笔接内部电池负端，所以在测量时，电流是从黑表笔流向二极管，再从红表笔流回表内。其测量方法如图 2.3.3 所示。

在测量普通二极管的正向和反向电阻时要注意，不能使用 $R×10K$ 或 $R×1$ 挡，因为 $R×10K$ 挡使用的电压太大，极有可能击穿二极管；而 $R×1$ 挡会因为电流太大，容易烧坏管子。

（3）二极管好坏的判别。

进行二极管好坏的判别，也就是测量二极管的正、反向电阻值，再根据阻值来判别好坏。

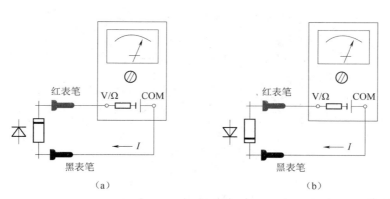

图 2.3.3 二极管测试图

(a) 二极管正向连接；(b) 二极管反向连接

若测出的阻值为一大一小，则说明二极管正常；若测出的阻值都很大，则说明二极管内部已经断路；若测出的阻值都很小，则说明二极管内部短路（击穿）。

（4）判断二极管是硅管还是锗管。

不同材料生产的二极管，其正向导通时的压降是不同的，硅管约为 0.7 V，锗管约为 0.3 V。这说明不同材料的二极管在导通时，其正向导通电阻值也不同。根据经验，普通硅管的正向导通电阻值约为 1 kΩ，普通锗管的正向导通电阻值约为 500 Ω，所以我们可以通过测量二极管的正向导通电阻值来判断是硅管还是锗管。

（5）稳压二极管的检测。

稳压二极管是一种工作在反向击穿区、具有稳定电压作用的二极管。其极性与性能好坏的测量与普通二极管的测量方法相似，不同之处在于：当使用万用表的 $R \times 1K$ 挡测量二极管时，测得其反向电阻是很大的，此时，将万用表转换到 $R \times 10K$ 挡，如果出现万用表指针向右偏转较大角度，即反向电阻值减小很多的情况，则该二极管为稳压二极管；如果反向电阻基本不变，说明该二极管是普通二极管。

稳压二极管的测量原理：由于万用表 $R \times 1K$ 挡的内部电池电压较小（1.5 V），通常不会使普通二极管和稳压二极管击穿，所以测出的反向电阻都很大。当将万用表转换到 $R \times 10K$（内部电池为 9 V）挡时，万用表内部电池电压变得很大，使稳压二极管出现反向击穿现象，所以其反向电阻下降很多；由于普通二极管的反向击穿电压比稳压二极管高得多，因而普通二极管不会被击穿，其反向电阻仍然很大。

（6）发光二极管的检测。

发光二极管如图 2.3.4 所示，它是一种将电能转换成光能的特殊二极管，是一种新型的冷光源，常用于电子设备的电平指示、模拟显示等场合。它常采用砷化镓、磷化镓等化合物半导体制成。发光二极管可以发出红、橙、黄、绿四种可见光，它的发光颜色主要取决于所用半导体的材料。发光二极管的外壳是透明的，外壳的颜色表示了它的发光颜色。发光二极管工作在正向区域，其正向导通（开启）工作电压高于普通二极管。外加正向电压越大，LED 发光越亮，但在使用中应注意，外加正向电压不能使发光二极管超过其最大工作电流，在实际使用时都会串联限流电阻，以免烧坏管子。

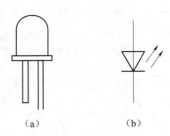

（a）　　　　　　（b）

图 2.3.4　发光二极管

（a）外形；（b）电路符号

对发光二极管的检测方法主要采用万用表的 $R \times 10K$ 挡，其测量方法及对其性能的好坏判断与普通二极管相同。但发光二极管的正向、反向电阻均比普通二极管大得多。在测量发光二极管的正向电阻时，可以看到该二极管有微微的发光现象。

任务四　半导体三极管的识别与检测

一、技能知识目标

（1）了解三极管的分类和作用。

（2）了解三极管的主要参数。

二、技能操作目标

（1）掌握通过外形和标注识别三极管管型和引脚顺序的方法。

（2）掌握用万用表测量三极管的方法。

（3）掌握三极管好坏的判别方法。

三、技能训练内容

常用的晶体三极管有低频小功率管、低频大功率管、高频小功率管、高频大功率管。有的三极管有四根引脚，其中一根引脚接管壳，使用时接地。

（一）用观察法判别三极管的管型和引脚

1. 三极管管型的识别

在三极管上一般都标有三极管的型号，根据型号，可以知道三极管的材料、类别、序号。通过查阅手册，还可以得知三极管的主要参数、使用方法等技术资料。根据部颁标准，三极管型号的第二位（字母）就代表三极管的管型，用 A、C 来表示 PNP 型的三极管，B、D 来表示 NPN 型的三极管。例如：3AX 表示 PNP 型低频大功率管，3BX 表示 NPN 型低频大功率管，3CG 表示 PNP 型高频小功率管，3DG 表示 NPN 型高频小功率管。此外，有国际流行的 9011～9018 系列高频小功率管，除 9012 和 9015 为 PNP 型外，其他的都是 NPN 型管。

2. 三极管引脚的识别

常用的中、小功率三极管有金属圆壳和塑料封装等外形，图 2.4.1 所示给出了常用三极管的引脚排列顺序。

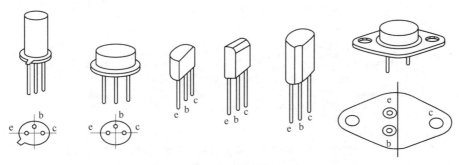

图 2.4.1　常用三极管的引脚排列顺序

（二）用指针式万用表判别三极管的管型和引脚

1. 三极管基极和管型识别

判别时可将三极管看成是如图 2.4.2 所示的双 PN 结。

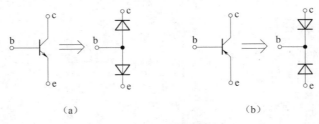

（a）   （b）

图 2.4.2　三极管等效电路图

（a）NPN 型三极管；（b）PNP 型三极管

由此可以参考二极管阻值的特点来进行测量，采用 $R \times 1K$ 或 $R \times 100$ 挡：

对于 NPN 型的三极管，其电阻特点为（下列脚标中，前面一个接黑表笔，后面一个接红表笔，下同）：

$$R_{be}、R_{bc} \text{ 都小} \qquad R_{eb}、R_{cb} \text{ 都大} \qquad R_{ce}、R_{ec} \text{ 都大}$$

而对于 PNP 型的三极管，其电阻特点为：

$$R_{be}、R_{bc} \text{ 都大} \qquad R_{eb}、R_{cb} \text{ 都小} \qquad R_{ce}、R_{ec} \text{ 都大}$$

根据两种三极管阻值的特点，可采取以下两种方法对三极管的基极和管型进行判别。

第一种，找两个小电阻的方法。即先假设三极管的管型并设定某一个引脚为基极，以这个基极为公共点，就能找到两个小电阻。

先假设三极管为 NPN 型：将黑表笔接公共点，可以测出两个小电阻值。具体方法为：将指针式万用表的黑表笔接假定基极 b 并保持不动，红表笔分两次接另外两根引脚，测出两个电阻值，比较大小，如果这两个电阻都小，说明黑表笔连接的是三极管的基极（b），而且这个三极管是 NPN 型管；如果不是两个小电阻，说明假设的基极错误，需要重新假设基极进行测量，直到找出基极为止；如果三根引脚都不能确认为基极时，则很大可能是管型假设错误。

NPN 型三极管基极测试电路如图 2.4.3 所示（图中将三极管的三根引脚进行了编号）。

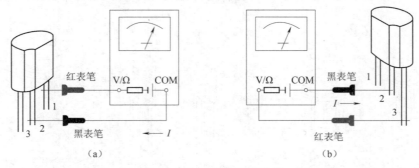

（a）   （b）

图 2.4.3　NPN 型三极管基极的判别（方法一）

（a）第一次测量；（b）第二次测量

再假设三极管为 PNP 型：将红表笔接公共点，可以测出两个小电阻值。具体方法为：将指针式万用表的红表笔接假定基极 b 并保持不动，黑表笔分两次接另外两根引脚，测出两个电阻值，比较大小，如果这两个电阻都小，说明红表笔连接的是三极管的基极（b），而且这个三极管是 PNP 型管；如果不是两个小电阻，说明假设的基极错误，需要重新假设基极进行测量，直到找出基极为止。

PNP 型三极管基极测试电路如图 2.4.4 所示（图中将三极管的三根引脚进行了编号）。

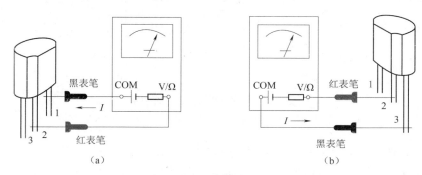

图 2.4.4　PNP 型三极管的基极判别（方法一）

（a）第一次测量；（b）第二次测量

第二种是找一大一小两个电阻的方法。其测试图如图 2.4.5 所示（图中将三极管的三根引脚进行了编号）。

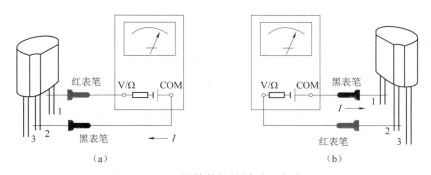

图 2.4.5　三极管基极的判别（方法二）

（1）任选一对引脚进行正、反向两次测量，若测出的电阻值为一个很大一个很小，则其中一定有一根引脚为基极。

（2）再选另一对引脚重复步骤（1），直至找到另一对阻值为一大一小的引脚。

（3）根据（1）和（2）的测量，可以确定公共引脚即为基极 b。

（4）确定管型。若是红表笔接基极测出小电阻，则为 PNP 型，若黑表笔接基极测出小电阻，则为 NPN 型。

2. 集电极和发射极的判别

基极和管型确定后，采用万用表的 $R \times 10K$ 挡，在剩下的两根引脚之间进行测量，为方便理解，将剩下的两根引脚分别标记为 1 和 2。分两次测出 R_{12} 和 R_{21} 两个电阻值。在测量时一般用潮湿的手捏住基极 b 和假设的集电极 c，但不能使这两个电极直接相接，潮湿的手即代替了 100 kΩ 的电阻, 其测试方法如图 2.4.6 所示。

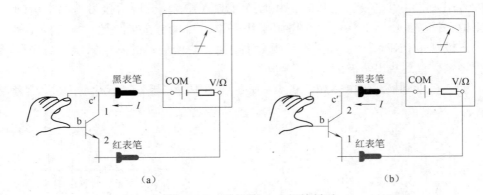

图 2.4.6 三极管 c、e 极的判别

(a) 假设 1 脚为集电极时的测量; (b) 假设 2 脚为集电极时的测量

因为 NPN 型三极管和 PNP 型三极管的工作方式是不同的, 所以不同管型的三极管, 方法有所区别, 如图 2.4.7 所示。

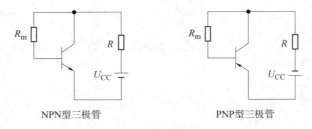

NPN型三极管　　　　　　　　　　PNP型三极管

图 2.4.7 三极管的基本放大电路

根据测量结果, 参照三极管管型来区分 c、e:

对于 NPN 型三极管, $R_{ce} \ll R_{ec}$, 电阻小的一次, 黑表笔所接引脚为三极管的集电极 c, 红表笔所接引脚为发射极 e。

对于 PNP 型的三极管, $R_{ce} \gg R_{ec}$, 电阻大的一次, 黑表笔所接引脚为三极管的集电极 c, 红表笔所接引脚为发射极 e。

(三) 三极管性能的简单测试

将三极管基极开路, 对于 NPN 型的三极管, 黑表笔接集电极 c、红表笔接发射极 e (PNP 型管接法则相反), 测出 R_{ce}, 该阻值越大, 则表示三极管的穿透电流 I_{CEO} 越小, 三极管的性能就越好。

用手指捏住基极和集电极, 同上法测出 c、e 间的电阻, 若其阻值比基极开路时测出的电阻小得多, 则表明电流放大系数 β 值大。

有的万用表有 h_{FE} 挡, 按表上规定的极性插入三极管即可测得电流放大系数 β, 若 β 很小或为零, 则表明三极管已经损坏。

任务五　电感器和变压器的识别与检测

一、技能知识目标

（1）了解电感器和变压器的种类与作用。
（2）了解电感器和变压器的主要参数。

二、技能操作目标

（1）掌握通过标注识别电感器和变压器的方法。
（2）掌握用万用表测量电感器和变压器好坏的方法。

三、技能训练内容

（一）电感器

电感器俗称电感或电感线圈，是利用自感作用制作的元件；理想的电感器是一种储能元件，主要用来调谐、振荡、耦合和滤波等。在高频电路中，电感元件应用较多。另外，人们还利用电感的互感特性制造了变压器、继电器等，在电路中常起到变压、耦合和匹配等作用。电感器一般由导线或漆包线绕成，为了增加电感量、提高品质因数和减小电感器体积，通常在线圈中加入铁芯或软磁材料的磁芯。

电感在电路中常用英文字母 L 表示，电感量的单位是亨利，简称亨，常用英文字母"H"表示；比亨利小的单位为毫亨，用英文字母 mH 表示；更小单位为微亨，用英文字母 μH 表示。它们之间的换算关系为：

$$1\ H = 10^3\ mH = 10^6\ \mu H$$

1. 电感器的分类

电感器种类很多，按电感形式可分为固定电感和可变电感；按磁导体性质可分为空心线圈、铁氧体线圈、铁芯线圈、铜芯线圈；按工作性质可分为天线线圈、振荡线圈、扼流线圈、陷波线圈和偏转线圈；按绕线结构可分为单层线圈、多层线圈、蜂房式线圈；按工作频率可分为高频线圈、低频线圈。常见电感器的外形如图 2.5.1 所示。线圈电感器的电路符号如图 2.5.2 所示。

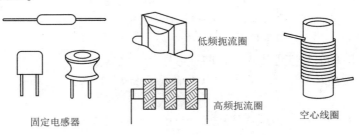

低频扼流圈

高频扼流圈

空心线圈

固定电感器

图 2.5.1　常见电感器外形

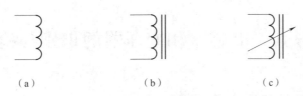

图 2.5.2　线圈电感器的电路符号

（a）一般符号；（b）带铁芯电感器；（c）可调电感器

2. 电感器的主要性能参数

（1）标称电感量。线圈电感量的大小由线圈本身的特性决定，如线圈的直径、匝数以及有无铁芯等。电感线圈的用途不同，所需的电感量也不同。例如，在高频电路中，线圈的电感量一般为 0.1 pH～100 H。

（2）品质因数（Q 值）。品质因数是指线圈在某一频率下工作时，所表现出的感抗与线圈的总损耗电阻的比值，其中损耗电阻包括直流电阻、高频电阻和介质损耗电阻。Q 值越高，回路损耗越小，所以一般情况下都采用提高 Q 值的方法来提高线圈的品质因数。

对调谐回路线圈的 Q 值要求较高，用高 Q 值的线圈与电容组成的谐振电路具有更好的谐振特性；用低 Q 值线圈与电容组成的谐振电路，其谐振特性不明显。

（3）分布电容。电感线圈的匝与匝之间、线圈与铁芯之间都存在分布电容。频率越高，分布电容的影响就越严重，导致 Q 值急速下降。减少分布电容可通过减小线圈骨架的直径或者通过改变电感线圈的绕制方式实现，如采用蜂房式绕制等方法来实现。

（4）额定电流。电感线圈在正常工作时，允许通过的最大电流称为额定电流。当电路电流超过其额定值时，电感器将发热，严重时会被烧坏。

3. 电感量的标示方法

（1）直标法。直标法是将电感器的主要参数用文字符号直接标注在电感线圈的外壳上。其中，用数字标注电感量，用字母 A、B、C、D 等表示电感线圈的额定电流，用 Ⅰ、Ⅱ、Ⅲ 表示允许误差。例如，固定电感线圈外壳上标有 200 mH、A、Ⅰ 的标志，则表明线圈的电感量为 200 mH，最大工作电流为 50 mA（A 挡），允许误差为 Ⅰ 级（±5%）。

（2）色标法。在电感线圈的外壳上，使用色环或色点表示其参数的方法称为色标法。这种表示法与电阻器的色标法相同，但只有四种颜色，前两种颜色为有效数字，第三种颜色为倍率，第四种颜色表示允许误差。其读数规则、数字与颜色的对应关系与色环电阻中四环电阻相同，单位为微亨（μH）。

例如：黄 紫 黑 银，表示 $47×10^0$ μH ±10% = 47 μH ±10%；

棕 黑 红 银，表示 $10×10^2$ μH ±10% = 1 mH ±10%。

色标法电感和色标法电阻的区分方法：

a. 颜色：电阻一般是蓝色或米黄色的，电感是绿色的。

b. 外形：电感两端与中间一般粗，引线端逐渐变尖细，电阻两端比中间粗，引线端没有电感那样尖。

c. 测电阻值的大小：电感只有几欧姆，与色环对应的数值相差甚远。

4. 电感线圈的选用

（1）电感使用的场合。电感线圈在电路中使用时，要考虑环境温度、湿度的高低，高频或低频环境，电感在电路中表现的是感性还是阻抗特性等。

（2）电感的频率特性。电感线圈在低频时一般呈现电感特性，起储能、滤高频的作用。在高频时，它的阻抗特性表现明显，有耗能发热、感性效应降低等现象。

（3）使用前进行检查。电感线圈使用前先要检查其外观，不允许有线匝松动、引线接点活动等现象。然后用万用表进行线圈通、断检测，尽量使用精度较高的万用表或欧姆表，因为电感线圈的阻值均比较小，必须仔细区别正常阻值与匝间短路。

（二）变压器

变压器是利用电感线圈间的互感现象工作的，在电路中常用作电压变换、阻抗变换等。它也是一种电感器，由一次绕组、二次绕组、铁芯或磁芯等组成。

1. 变压器的分类

按导磁材料的不同，变压器可分为硅钢片变压器、低频磁芯变压器、高频磁芯变压器。按用途分类，变压器可分为电源变压器和隔离变压器、调压器、输入输出变压器和脉冲变压器。按工作频率分类，变压器可分为低频变压器、中频变压器和高频变压器。

变压器的实物外形如图 2.5.3 所示，变压器的电路符号如图 2.5.4 所示。

电源变压器

中周变压器

输入输出变压器

图 2.5.3　变压器的实物外形

（a）

（b）

（c）

（d）

图 2.5.4　变压器的电路符号

（a）普通变压器；（b）带中心抽头变压器；（c）可调变压器；（d）带屏蔽变压器

2. 变压器的主要性能参数

（1）额定功率。额定功率是指变压器在特定频率和电压条件下，能长期工作而不超过规定温升的输出功率。其单位用瓦（W）或伏安（V·A）表示。

（2）变压比。变压比是指一次电压（U_1）与二次电压（U_2）的比值或一次绕组匝数（N_1）与二次绕组匝数（N_2）的比值。变压器的变压比为 $n = \dfrac{U_1}{U_2} = \dfrac{N_1}{N_2}$，若 $n>1$，则该变压器称为降压变压器；若 $n<1$，则该变压器称为升压变压器。

（3）效率。它是变压器的输出功率与输入功率的比值。常用百分数表示，其大小与设计参数、材料、工艺及功率有关。一般电源变压器、音频变压器要注意效率，而中频、高频变压器一般不考虑效率。

（4）绝缘电阻。绝缘电阻是在变压器上施加的实验电压与产生的漏电流之比。小型变压器的绝缘电阻不小于 500 MΩ。

（三）电感器与变压器的检测

1. 电感器的测试

用万用表电阻挡测量电感器的电阻值，可以大致判断电感器的好坏。若测得的直流电阻值很小（小于 10 Ω），说明电感器正常；当测量的线圈电阻为无穷大时，说明电感器已经断路。

对于电感量的测量，可以使用万用电桥、高频 Q 表、数字式电容电感表。

2. 变压器的测试

（1）一、二次绕组的通断检测。

用万用表欧姆挡，测出一次绕组之间的电阻值，其阻值一般为几十欧至几百欧，若电阻值为∞，则为断路；若电阻值为 0，则为短路。

用同样方法再测量二次绕组的通断。二次绕组的电阻值一般为几欧至几十欧（降压变压器），如二次绕组有多个时，则要分别测量。

（2）绕组间、绕组与铁芯间的绝缘电阻检测。

将指针式万用表置于 $R×10K$ 挡，将一表笔接一次绕组的一引出线，另一表笔分别接二次绕组的引出线，万用表所示阻值应为∞，若小于此值时表明绝缘性能不良，当阻值很小时表明绕组间有短路现象。

任务六　集成电路的使用

一、技能知识目标

（1）了解集成电路的种类和作用。

（2）了解集成电路的封装方法。

二、技能操作目标

（1）掌握集成电路的引脚识别方法。

（2）掌握集成电路的使用注意事项。

三、技能训练内容

集成电路（IC）是一种微型电子器件或部件，它通过半导体工艺和薄膜工艺，将多个电子元器件以及它们之间的连接导线制作在同一小块或块半导体晶片或介质基片上。这些元素在结构上形成一个整体，形成具有特定功能的电路。具有体积小、质量轻、引出线和焊接点少、寿命长、可靠性高、性能好等优点，并且成本低廉，适合大规模生产和应用。

（一）集成电路的分类

集成电路按照功能可分为数字集成电路和模拟集成电路两大类。数字集成电路能执行数值间的逻辑运算，如与、或、非等运算；而模拟集成电路则能处理模拟信号的输入、放大、滤波等。

集成电路还可以根据应用领域分为通用集成电路和专用集成电路，后者通常针对特定应用进行设计和制造，如微处理器、显示驱动器和电源管理器等。

集成电路按制作工艺可分为半导体集成电路和膜集成电路。

按集成度高低的不同可分为小规模集成电路、中规模集成电路、大规模集成电路和超大规模集成电路。

集成电路按导电类型可分为双极型集成电路和单极型集成电路。

双极型集成电路的制作工艺复杂、功耗较大，其代表性的集成电路有 TTL、ECL、HTL、LST-TL、STTL 等类型。单极型集成电路的制作工艺简单，功耗也较低，易于制成大规模集成电路。

（二）集成电路的外形与引脚排列

集成电路的外形与引脚排列如图 2.6.1 所示。下面介绍如何识别集成电路的引脚。

集成电路引脚排列顺序的标志一般有色点、锁口突耳、凹槽、管键及封装时压出的圆形标志。

（1）对于双列直插式集成电路，识别其引脚时，若引脚向下，即其型号、商标向上，定位标记在左边，则从左下角第一根引脚开始，按逆时针方向依次为 1、2、3、4、…。

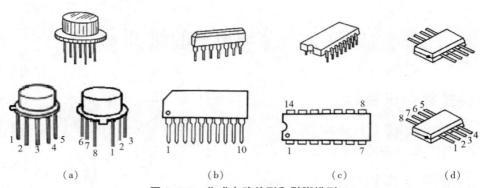

图 2.6.1　集成电路外形和引脚排列

（a）圆柱形封装；（b）单列直插式封装；（c）双列直插式封装；（d）扁平形封装

（2）对于圆顶封装的集成电路，将引脚向下，从锁口突耳标记处开始，按逆时针方向依次为引脚1、2、3、4、…。

（3）对于单列直插式集成电路，识别其引脚时应使引脚向下，面对型号或定位标记，自定位标记对应一侧的第一根引脚数起，依次为1、2、3、4、…，此类集成电路上的定位标记一般为色点、凹坑、小扎、线条、色带和斜切角等。

（4）对于扁平形封装的集成电路，正对着文字标注的方向，按逆时针方向，依次为1、2、3、4、…。

（三）集成电路部分引出端功能符号

表2.6.1介绍了部分国家标准（GB 3431、GB 3432）所规定的集成电路引出端功能符号，仅供参考。

表 2.6.1　集成电路部分（国家标准）引出端功能符号

引出端名称	符　号	引出端名称	符　号
电源（集电极、正电源）	V_{CC}	数据输入	A、B、C、…
电源（发射极、负电源）	V_{EE}	输出	Y
电源（源极）	V_{SS}	同相输入	IN_+
电源（漏极）	V_{DD}	反相输入	IN_-
正电源	V_+	偏置	BI
负电源	V_-	补偿	COMP
基准电源、基准电压	V_{REF}	选通（运算放大器）	ST
公共	COM	失调调整	OA
接地	GND	输出	OUT

（四）数字集成电路的检测

判断数字集成电路的好坏，可采用简单的测试方法，常用的有逻辑功能判断法和置位检测法。

1. 逻辑功能判断法

对于集成门电路可用此方法，即根据被测集成电路的工作原理搭接测试电路。按其逻

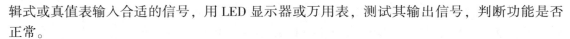

辑式或真值表输入合适的信号，用 LED 显示器或万用表，测试其输出信号，判断功能是否正常。

2. 置位检测法

对各种触发器和规模较大的数字集成电路可采用置位法。这些集成电路大多数具有置位功能：如 D 触发器、JK 触发器的置 0、置 1 功能；计数器的复位功能；译码器的点亮测试功能、消隐功能；编码器的选通输入功能；若它们的置位功能正常，则集成电路正常。

使用置位检测法时，集成电路输入端应按真值表正确处置。

（五）集成门电路的主要参数

（1）输出高电平 U_{OH}：是指与非门有一个以上输入端接地或接低电平时的输出电平值。空载时，U_{OH} 必须大于标准高电平，接有拉电流负载时，U_{OH} 将下降。

（2）输出低电平 U_{OL}：是指与非门的所有输入端都接高电平时的输出电平值。空载时，U_{OL} 必须小于标准低电平，接有灌电流负载时，U_{OL} 将上升。

（3）输入短路电流 I_{IS}：是指被测输入端接地，其余输入端悬空时，由被测输入端流出的电流。一般为 $I_{IS}<1.6$ mA。

（4）扇出系数 N：是指能驱动同类门电路的数目，用以衡量带负载的能力。

（六）集成门电路的使用规则

集成门电路分为 TTL 门电路和 CMOS 门电路两大类，在使用时，要求不同，所以要注意其使用规则，如表 2.6.2 所示。

表 2.6.2　集成门电路使用规则

集成门电路		TTL	CMOS
电源/V		4.5~5.5	3~18
输出端要求		不能并联，不能直接接电源或地	不能并联，不能直接接电源或地
对输入端的总要求		悬空默认为 "1"	不能悬空，不宜并联
对多余输入端的处理	与关系	1. 悬空 2. 接高电平或电源 3. 与有用的输入端并联	接高电平或电源
	或关系	1. 接低电平或地 2. 与有用的输入端并联	接低电平或地

（七）集成电路使用注意事项

集成电路结构复杂、功能多、体积小、安装与拆卸麻烦，在选购、检测时应十分仔细，以免造成不必要的损失。使用时应注意以下几点：

（1）集成电路在使用时不允许超过极限参数。

（2）集成电路内部包含几千甚至上万个 PN 结，因此它对工作温度很敏感，其各项指标都是在 27 ℃下测出的。若环境温度过低，则不利于其正常工作。

（3）在手工焊接集成电路时，不得使用功率大于 45 W 的电烙铁，连续焊接时间不能超过 10 s。

（4）MOS 集成电路要防止静电感应击穿。焊接时要保证电烙铁外壳可靠接地，必要时焊接者还应戴防静电手环、穿防静电服装和防静电鞋。在存放 MOS 集成电路时，必须将其放在金属盒内或用金属箔包起来，防止外界电场将其击穿。

项目三

基本锡焊技术

项目导入

锡焊作为一种重要的连接技术，在电子工业中应用十分广泛，也是电工、电子实践操作应掌握的技能之一。锡焊就是将焊料、焊件同时加热到最佳焊接温度，使不同的金属表面浸润、扩散，最后形成多组织结合层，实现电子元器件的稳固连接。锡焊包括手工烙铁焊、浸焊、波峰焊、再流焊等，它主要由焊料和焊件组成。焊件则是指被焊接的零件。

"实践是检验真理的唯一标准"，锡焊技术是一项实践性很强的技能，作为电子技术人员，必须潜心专研、勤学苦练，要发挥精益求精的工匠精神，追求焊接的精细、准确和美观，在锡焊技术的学习和应用中，要遵守职业道德，严守安全规范，防止因操作不当而引发安全事故。

任务　电子元器件的焊接和拆焊

一、技能知识目标

（1）了解电子元器件焊接的基本要求。

（2）掌握电子元器件手工焊接操作方法。

（3）掌握电路板拆焊的基本方法。

二、技能操作目标

（1）掌握电子元器件的基本焊接步骤。

（2）掌握电路板的拆焊方法。

（3）学会使用漆包线焊接小工艺品。

三、技能训练内容

（一）元件焊接

在印制电路板上，将各种元器件和导线连接成各种电路，必须应用到焊接技术。焊接技术的好坏会直接影响实验电路的质量和实验效果。

1. 焊接工具与材料

常用焊接工具包括电烙铁、镊子、尖嘴钳、剪刀等。常用的焊接材料有松香、焊锡丝、助焊剂、阻焊剂。

2. 焊接前的准备

（1）浸锡。

就是在待焊元器件引线上均匀镀上一层锡，这是保证焊接质量、防止虚假焊接的主要措施。浸锡主要针对存放时间过长或因工艺原因使引线表面氧化或污染的元器件。

浸锡前将待焊元器件的引线整直，用刀具、断锯条等除去元器件引线上的氧化层，使引线露出金属本色。要注意不宜用力过猛，以免折断引线。对于导线，用剥线钳或剪刀去掉待焊部分的绝缘层，多股导线需捻成一股。

浸锡时用带焊锡的电烙铁加热元器件引线或导线，并在松香块上来回移动，使元器件引线上均匀地镀上锡层。经过浸锡的导线、元器件引脚等，其浸锡面要牢固均匀、表面光滑、无孔状、无锡瘤。

（2）元器件成形。

根据印制电路板或铆钉实验板上焊点之间的距离，将元器件的引脚折弯成所需要的形状，如图 3.1.1 所示。元器件成形后，其标称值应处于焊接后便于察看的位置。

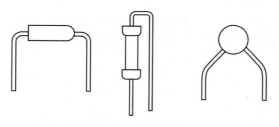

图 3.1.1　元器件成形

3. 焊接基本步骤

焊接过程中，工具要摆放整齐，电烙铁要拿稳。焊接的基本工艺流程为：准备→加热焊接部位→供给焊锡→移开焊锡丝→移开电烙铁。具体操作步骤如表 3.1.1 所示。

表 3.1.1　焊接的基本工艺流程

步骤	图示	操作方法
准备施焊	引线　焊锡丝　焊点	将电烙铁加热到工作温度，烙铁头保持干净并吃好锡，一手握好电烙铁，一手拿好焊锡丝，将烙铁头和焊锡丝同时移向焊接点，电烙铁与焊料分别居于被焊元器件两侧
加热焊件	引线　焊锡丝　焊点	将烙铁头接触被焊元器件，包括被焊元器件端子和焊盘在内的整个焊件全体要均匀受热。一般让烙铁部分接触容量较大的焊件，烙铁头侧面或边缘部分接触容量较小的焊件，以保证焊件均匀受热，不要施加压力或随意拖动电烙铁
送入焊丝		当被焊部位升温到焊接温度时，送上焊锡丝并与元器件焊点部位接触，熔化并润湿，而且应从电烙铁对面接触焊点。送锡量要合适，一般以能全面润湿整个焊点为佳

步骤	图示	操作方法
移开焊丝		当焊锡丝熔化到一定量以后，迅速移去焊锡丝
移开烙铁		移去焊料后，在助焊剂还未挥发之前，迅速移去电烙铁。电烙铁一般以与轴向成45°角的方向撤离。撤电烙铁时，应往回收，回收动作要干脆、熟练，以免形成拉尖；收电烙铁的同时，应轻轻旋转一下，这样可以吸收多余的焊料

4. 焊接注意事项

（1）烙铁头的温度要适当，一般以将烙铁头放在松香块上，使松香既能迅速熔化又不冒烟的温度为宜。

（2）焊接时间要适当，从加热焊点到焊料熔化并流满焊点，一般应在几秒内完成。若焊接时间过长，助焊剂完全挥发掉，就失去了助焊剂的作用，会造成焊点表面粗糙，易使焊点氧化的情况。若焊接时间过短，则焊接点达不到焊接所需的温度，焊料不能充分熔化，易造成虚焊。

（3）焊料与焊剂要适量，焊接时焊料以包着引线、灌满焊盘为宜。

（4）焊接点上焊料尚未完全凝固时，不能移动被焊导线或引线。

（5）焊接时要防止电烙铁烫伤周围的导线或其他元器件。

（6）及时做好焊接后的清除工作，即清除剪下的导线、引线头和焊锡渣等。

5. 焊点的检查

（1）焊接完成后应对焊接质量进行外观检验，其标准如下：

①焊点表面明亮、平滑、有光泽，对称于引线，无针眼、无砂眼、无气孔。

②焊锡充满整个焊盘，形成对称的焊角。

③焊接外形应以焊件为中心，均匀、成裙状拉开。

④焊点干净，见不到焊剂的残渣，在焊点表面应有薄薄的一层焊剂。

⑤焊点上没有拉尖、裂纹。

（2）焊点的检查方法，具体如下：

①目测法。用眼睛观看焊点的外观质量及电路板整体的情况是否符合外观检验标准，即检查各焊点是否有漏焊、连焊、桥接、焊料飞溅以及导线或元器件绝缘的损伤等焊接

缺陷。

②手测法。用手触摸元器件（不是用手去触摸焊点），对可疑焊点也可以用镊子轻轻牵拉引线，观察焊点有无异常，这对发现虚焊和假焊特别有效，可以检查有无导线断线、焊盘脱落等缺点。

（二）元器件拆焊

1. 用镊子进行拆焊

在没有专用拆焊工具的情况下，用镊子进行拆焊，由于其方法简单，因此是印制电路板上元器件拆焊常用的拆焊方法。由于焊点的形式不同，其拆焊的方法也不同。

对于印制电路板中引线之间焊点距离较大的元器件，拆焊时相对容易，一般采用分点拆焊的方法，如图3.1.2所示。操作过程如下。

（1）首先固定印制电路板，同时用镊子从元器件面夹住被拆元器件的一根引线。

（2）用电烙铁对被夹引线上的焊点进行加热，以熔化该焊点的焊锡。

（3）待焊点上焊锡全部熔化后，将被夹的元器件引线轻轻从焊盘孔中拉出。

（4）然后用同样的方法拆焊被拆元器件的另一根引线。

（5）用烙铁头清除焊盘上多余焊料。

（6）当拆除三极管等多焊点元件时，要将各个焊点快速交替加热，以同时熔化各焊点的焊锡。

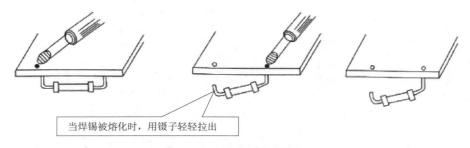

当焊锡被熔化时，用镊子轻轻拉出

图3.1.2　分点拆焊示意图

2. 用吸锡工具进行拆焊

对焊锡较多的焊点，可采用吸锡电烙铁去锡脱焊。拆焊时，吸锡电烙铁加热和吸锡同时进行。

（1）吸锡时，根据元器件引线的粗细选用锡嘴的大小。

（2）吸锡电烙铁通电加热后，将活塞柄推下卡住。

（3）锡嘴垂直对准吸焊点，待焊点焊锡熔化后，再按下吸锡电烙铁的控制按钮，焊锡即被吸进吸锡电烙铁中。反复几次，直至元器件从焊点中脱离。

3. 拆焊注意事项

（1）严格控制加热的时间与温度。一般元器件及导线绝缘层的耐热较差，受热易损，元器件对温度更是十分敏感。在拆焊时，如果时间过长、温度过高会烫坏元器件，甚至会使印制电路板焊盘翘起或脱落，进而给继续装配造成很多麻烦。因此，一定要严格控制加热的时间与温度。

（2）拆焊时不要用力过猛。塑料密封器件、瓷器件和玻璃端子等在加热情况下，强度都有所降低，拆焊时用力过猛会引起器件和引线脱离或铜箔与印制电路板脱离。

（3）不要强行拆焊。不要用电烙铁去撬或晃动焊接点，不允许用拉动、摇动或扭动等办法去强行拆除焊接点。

实　验　篇

项目四

模拟电子技术基础实验

项目导入

　　模拟电子技术指的是一种运用电子学原理和技术手段，对非数字信号进行处理、传输和转换的技术领域。模拟电路主要由电阻、电容、电感等电子元件组成，用于实现信号的放大、滤波、转换等功能，在通信、自动化、能源、医疗、军事等多个领域都有广泛的应用。其信号具有连续性、线性和灵活性等特点，但同时也存在一些缺点，如容易受到噪声的干扰、精度通常不如数字电路高、功耗通常比数字电路高等。本项目通过 12 个实验项目的学习，促使学生在仪器仪表使用、电子线路的安装与调试、参数测量、故障分析与排除等方面的技能得到较大提高。

　　"实践出真知"，只有将理论知识与实践相结合，才能做到知行合一。要秉承严谨的科学态度和实事求是的精神，对实验结果进行准确的记录和分析，不弄虚作假。作为应用型人才，对实验中出现的问题要有独立的见解和批判性的思考，要逐渐培养好的思路。比如，有没有别的方法解决问题？有没有更好的方法解决问题？当出现个人解决不了的问题时，要借助团队的力量，找到问题关键，提出创新解决办法。

实验一　常用电子仪器仪表的使用练习

一、实验目的

（1）熟悉数字式万用表的用途和使用方法。

（2）熟悉示波器的用途和使用方法。

（3）熟悉信号源的用途和使用方法。

二、实验接线图及仪器仪表的使用方法

实验接线图如图 4.1.1 所示。

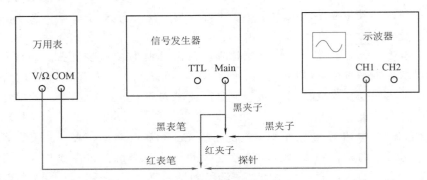

图 4.1.1　实验接线图

1. 数字式万用表的使用

数字式万用表不仅可测交直流电压和电流（测交流时测试频率范围为 0～400 Hz），还可以测电阻、电容等。要使用好它，首先得明白用它来测什么，然后根据被测量对象做好准备工作，准备工作包括以下三点：

（1）转换开关。根据被测量对象选择好挡位及量程。选量程时注意从大量程往小量程换，尽量提高测试精度。注意在超量程测量时，显示屏上如果出现"1."显示，说明被测量的值超过了万用表的量程，应转换大的量程。

（2）表笔插孔。根据被测量对象选择好表笔插孔。如实验室的 UT51，其黑表笔始终选择 COM 孔，红表笔则根据被测对象选择，如果是大电流则选择 10 A 孔。

（3）表笔连接方式。如果是测电压就并联在两个被测点两端，如果是测电流则串联在电路中。

2. 数字式示波器 GDS-1062A 的使用

GDS-1062A 的作用是用于观察和测量信号。

在示波器正常工作并输入测量信号后，可以按下列步骤进行测量：

（1）选择通道，根据输入信号的端口，按"通道一"或"通道二"键，选择要使用的通道。

（2）显示波形，按"Autoset"键，显示出被观测的波形。

（3）按"Measure"键，测出波形参数。

（4）选择参数，在自动测量的情况下，示波器会自动测量出所有的波形参数并在屏幕右边进行显示，但只能同时显示 5 个参数，如果需要的参数没有显示出来，此时我们需要将没有被显示的参数查找出来，具体方法是：先将不需要的参数所对应的功能键按下（此时会有单一的参数显示出来），再用多功能旋钮选择需要的参数，最后再按"上页"对应的按钮返回。

（5）冻结波形和参数，在波形不稳定或者参数不停变化的情况下，可以利用"Run/Stop"键，将波形扫描处于"Stop"状态，方便记录波形和参数。

3. 函数信号发生器的使用

函数信号发生器可提供不同的交流信号，在使用时要注意以下三点：

（1）波形选择。

（2）频率选择。

（3）幅值选择。

三、实验仪器设备

实验仪器设备如表 4.1.1 所示。

表 4.1.1　实验仪器设备

设备名称	型号	数量
双踪示波器	GDS-1062A	一台
信号发生器	SFG-1003	一台
数字式万用表	UT51	一块

四、实验预习要求

（1）复习万用表的使用方法。

（2）复习示波器的使用方法。

（3）复习函数信号发生器的使用方法。

五、实验内容与步骤

（1）按图 4.1.1 进行设备连接。

（2）调节函数信号发生器，输出一个有效值为 1 V（用万用表监测）、频率为 250 Hz 的信号，更改信号发生器不同的输出信号，用示波器测量并记录相关参数，记入表 4.1.2 中。

表 4.1.2　示波器参数测量记录表

信号发生输出			示波器测量数据			
波形	频率/Hz	电压/V	周期	频率/Hz	峰-峰值/V	有效值/V
正弦波						
方波						
三角波						

六、实验总结与思考

（1）记录和整理实验数据，并对数据进行分析。

（2）进行实验总结，按要求完成实验报告。

模电实验一 测评表

姓名		学号		班级		成绩	
任务名称	分值	评分标准				得分	合计
万用表的使用	20分	（1）挡位选择正确（5分）					
		（2）表笔插孔正确（5分）					
		（3）连接方式正确（5分）					
		（4）测量符合规范操作（5分）					
函数信号发生器的使用	30分	（1）波形选择正确（5分）					
		（2）频率调节正确（5分）					
		（3）电压调节正确（10分）					
		（4）输出端口使用正确（5分）					
		（5）输出控制开关正确（5分）					
示波器的使用	30分	（1）通道选择正确（5分）					
		（2）波形显示适当（5分）					
		（3）参数显示正确（5分）					
		（4）数据读取正确（15）					
操作规范	10分	操作符合规范					
实验台整理	10分	实验结束后关掉电源，整理设备和连线，清理台面					

实验二　常用电子元器件的识别与简单测试

一、实验目的

（1）了解各种元器件的外形和标示方法。

（2）掌握根据元器件外形识别元器件的方法。

（3）掌握用万用表对常用元器件进行判断和识别的方法。

（4）初步掌握元器件手册的使用方法。

二、实验仪器

指针式万用表一块。

三、实验原理

各种元器件有不同的外形和标志，据此可以对它们进行识别。

用万用表的电阻挡可以测试电阻器、电容器、电感器、二极管、三极管等元器件引脚之间的直流电阻，进而判断这些元器件的好坏。

四、实验预习要求

（1）复习电阻器的标注方法和识别方法。

（2）复习电容器的标注方法和识别方法。

（3）复习二极管、三极管的标注方法和识别方法。

五、实验内容与步骤

（1）观看元器件样品，了解各种元器件的外形和标志。

（2）电阻器的识别与简单测试。根据所给电阻的外形、标志，判定其标称值、偏差、功率。选择适当的挡位测试电阻器的实际值，将实验结果记入表 4.2.1 中。

表 4.2.1　电阻器的识别与测试记录表

被测电阻	标称值	偏差	实测值	万用表挡位
R_1				
R_2				
R_3				

（3）电容器的识别与简单测试。根据所给电容器的外形和标志判断其类型、标称容量、耐压、偏差等参数。用万用表判断电解电容的好坏，将实验结果记入表 4.2.2 中。

表 4.2.2　电容器的识别与测试记录表

被测电容	标称容量	偏差	耐压	质量判断
C_1				
C_2				

（4）用万用表判断二极管的好坏和极性。用万用表判断所给二极管的好坏和极性，将被测二极管的外形画入表格中，测出二极管的正、反向电阻值，将实验结果记入表 4.2.3 中。

表 4.2.3　二极管的识别与测试记录表

被测管	外形与极性	正向读数	反向读数	万用表挡位	好坏
1					
2					

（5）用万用表判断所给三极管的好坏，并判断出三极管的管型和引脚顺序，将实验结果记入表 4.2.4 中，并在表中的三极管上标注出引脚顺序。

表 4.2.4　三极管的识别与测试记录表

被测管	项目	测试结果	被测管	项目	测试结果
	R_{bc}			R_{bc}	
	R_{be}			R_{be}	
	R_{ce}			R_{ce}	
	管型			管型	
	好坏			好坏	

六、实验总结与思考

（1）测量普通二极管时，能否使用指针式万用表的 $R×1$ 挡和 $R×10K$ 挡？为什么？

（2）记录和整理实验数据，并对数据进行分析。

（3）进行实验总结，按要求完成实验报告。

模电实验二　测评表

姓名		学号		班级		成绩	
任务名称	分值		评分标准			得分	合计
万用表的使用	10分		正确使用万用表				
电阻器的识别	20分		（1）元器件选择正确（5分）				
			（2）参数识别正确（10分）				
			（3）测量正确（5分）				
电容器的识别	20分		（1）元器件选择正确（5分）				
			（2）参数识别正确（15分）				
二极管的识别	20分		（1）元器件选择正确（5分）				
			（2）外观识别极性正确（5分）				
			（3）极性、好坏测量正确（10）				
三极管的识别	20分		（1）元器件选择正确（5分）				
			（2）外观识别管型、引脚正确（5）				
			（3）测量管型、引脚正确（10）				
实验台整理	10分		实验结束后关掉电源，整理设备和连线，清理台面，上交器件				

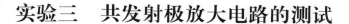

实验三　共发射极放大电路的测试

一、实验目的

（1）掌握共发射极放大电路的搭接方法。
（2）掌握共发射极放大电路静态工作点的测试方法和调试方法。
（3）了解不同工作点对共发射极放大电路输出电压幅值的影响。
（4）掌握共发射极放大电路交流参数的测量方法。

二、实验设备

实验设备如表4.3.1所示。

表 4.3.1　实验设备

设备名称	型号	数量
双踪示波器	GDS－1062A	一台
函数信号发生器	SFG－1003	一台
数字式万用表	UT51	一块
模拟电路实验箱	THM－3	一台

三、实验电路与实验原理

共发射极放大电路如图4.3.1所示。

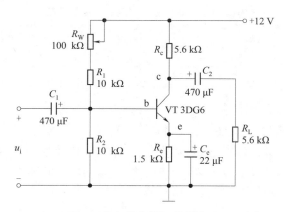

图 4.3.1　共发射极放大电路

当输入信号 $u_i = 0$ 时，由三极管集电极电流 I_C、集－射电压 U_{CE} 在三极管输出特性曲线上所确定的工作点称为静态工作点。静态工作点可通过改变 R_W 来改变。若输入信号幅值与静态工作点设置之间配合不当，输出电压将产生饱和失真或者截止失真，信号太大时还会产生双向失真。当静态工作点处于交流负载线的中点时，可以输出最大的不失真信号。

图 4.3.2 所示为共发射极放大电路的直流通路和交流通路。

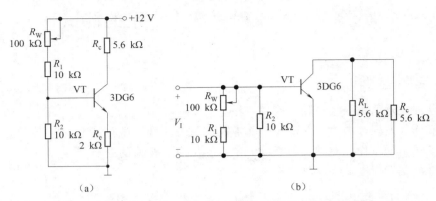

图 4.3.2　共发射极放大电路的直流通路和交流通路

（a）直流通路；（b）交流通路

四、实验预习要求

（1）复习共发射极放大电路的工作原理和输入输出特点。

（2）复习共发射极放大电路的直流通路和交流通路。

（3）复习共发射极放大电路参数的计算方法。

五、实验内容与步骤

1. 静态工作点的调试与测量

在正确连接电路的基础上加入+12 V 的直流电源，调节电位器 R_W 使 $I_C = (V_{CC} - V_C)/R_c = 1$ mA。测出此时的 V_B、V_C、V_E 并记录在表 4.3.2 中。

表 4.3.2　静态工作点测量数据记录表

测量值			计算值		
V_B/V	V_C/V	V_E/V	U_{BE}/V	U_{CE}/V	I_C/mA

2. 交流电压放大倍数的测量

调节函数信号发生器，使之输出一个频率为 1 kHz 的正弦波信号，将这个信号加入放大电路的输入端，同时用示波器观察输出波形 u_o，在输出波形不失真的情况下逐渐增大输入信号 u_i 的大小，使输出波形为最大的不失真状态。测出此时输入信号 u_i、输出信号 u_o 的大小，并计算出此时的电压放大倍数，将结果记入表 4.3.3 中。

表 4.3.3　交流电压放大倍数测量数据记录表

U_i/V	U_o/V	$A_u = U_o/U_i$

3. 观察电容 C_e 对输出波形的影响

在以上"2."调节的基础上，保持输入信号 u_i 不变，去掉电容 C_e，观察输出波形的变化，将测量结果记入表 4.3.4 中。

表 4.3.4 电容 C_e 对输出波形的影响测量记录表

项目	波形	结论
加入 C_e		
去掉 C_e		

4. 观察静态工作点对输出波形的影响

在以上"2."调节的基础上，保持输入信号 u_i 不变，将 R_W 调大和调小，分别观察输出波形的变化，将明显失真的波形记入表 4.3.5 中。

表 4.3.5 静态工作点对输出波形的影响测量记录表

R_W 值	U_{BE}/V	U_{CE}/V	u_o 波形	失真情况	三极管状态
适当					
增大					
减小					

六、实验总结与思考

（1）记录和整理实验数据，并对数据进行分析。

（2）进行实验总结，按要求完成实验报告。

模电实验三　测评表

姓名		学号		班级		成绩	
任务名称	分值	评分标准				得分	合计
元器件的识别	15分	（1）电阻识别正确（5分）					
		（2）电容识别正确（5分）					
		（3）三极管识别正确（5分）					
电路连接	25分	（1）元器件位置正确（5分）					
		（2）电路连接正确（20分）					
电路测量	40分	（1）万用表使用正确（10分）					
		（2）函数信号发生器使用正确（10分）					
		（3）示波器使用正确（10分）					
		（4）数据、波形测量正确（10）					
实验台整理	10分	实验结束后关掉电源，整理设备和连线，清理台面，上交器件					
操作规范	10分	操作符合规范					

实验四 延时开关电路的测试

一、实验目的

（1）熟悉 RC 电路中电容在充放电过程中的作用。

（2）熟悉三极管直接耦合形式的放大和开关电路。

（3）掌握用电位法排除电路故障的方法。

二、实验设备

实验设备如表 4.4.1 所示。

表 4.4.1 实验设备

设备名称	型号	数量
数字式万用表	UT51	一块
模拟电路实验箱	THM-3	一台

三、实验电路与实验原理

触摸延时开关电路如图 4.4.1 所示。

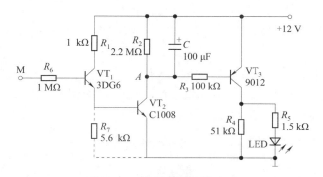

图 4.4.1 触摸延时开关电路

现代建筑中，楼梯过道照明开关常采用触摸延时开关。其功能为：当人用手触摸开关时，照明灯点亮并持续一段时间后自动熄灭。这种开关既省电又方便。其根本原理都是利用电容 C 两端电压不能突变的特性。由于人体本身带有一定的电荷，当人体接触导体时，这些电荷就转移到导体上，形成瞬间的微弱电流，将这一电流经过三极管的放大，就可以控制较大的负载开关动作。

如图 4.4.1 所示电路原理图，VT_1 和 VT_2 组成直接耦合的两级放大电路，VT_3 构成开关电路。金属片 M 作为触摸点和限流电阻 R_6 接在 VT_1 的基极，当其悬空时，由于基极开路，VT_1、VT_2 处于截止状态，VT_3 也截止，LED 中因无电流而不发光。当人手接触金属片 M

时，人体的电荷经 R_6 流入 VT_1 的基极，VT_1 导通并驱动 VT_2 饱和导通，从而使 VT_2 的集电极电位降为低电平，这时 VT_3 就会随之导通，LED 就会因有电流流过而发光。

在三极管 VT_2 导通的同时，电容 C 迅速充电至 12 V，当人离开后，VT_1、VT_2 截止，电容 C 开始放电：一路经电阻 R_2 放电，另一路经 VT_3 的发射极、基极、电阻 R_3 放电。由于放电时间常数较大，电容上所储存的电荷放电较慢，VT_3 在一定的时间内将保持导通，LED 会继续发光，直到 VT_3 的集电极电流减小到不足以使 LED 发光。VT_3 的导通延时时间主要由 R_2、R_3、C 的容量共同决定。

需要注意的是，若没有触摸金属 M 时，发光二极管已经亮了，或者亮了以后不灭，则说明 VT_1 的穿透电流 I_{CEO} 太大，可按原理图 4.4.1 中虚线接一个泄流电阻，图中电阻值是一个参考数值，具体数值可以用实验的方法加以确定。

当电路出现故障时，可用万用表测量 A 点电位，当用手触摸金属片 M 时，A 点电位能从 12 V 跳变到 0.3 V 以下；触摸完成后，A 点电位会从 0.3 V 以下逐渐上升，最终接近 12 V。若有此现象，说明 VT_1、VT_2 两条回路工作正常，排查故障的重点在 VT_3 回路；若 A 点电位无变化，则故障排查的重点在 VT_1、VT_2 两条回路。

四、实验预习要求

（1）复习电阻器的标注方法和识别方法。

（2）复习用万用表测量电路电压的方法。

（3）复习二极管、三极管的标注方法和识别方法。

五、实验内容与步骤

（1）按照图 4.4.1 搭接电路，并加入 +12 V 直流电源。其中 R_6 的悬空端接一根软导线代替金属片 M。

（2）当人体接触 M 时，LED 立即点亮，人体离开 M 后，LED 延时熄灭。

（3）用万用表测量人体接触 M 时 A 点电位和人体离开 M 后 A 点电位的变化范围，观察 LED 灯的亮度变化，将结果记录在表 4.4.2 中。

表 4.4.2　延时开关电路功能测试记录表

项目	V_A/V	LED 亮度
人体接触 M 时		
人体离开 M 后		

（4）用电位测量法分析并排除电路故障。分别设置表 4.4.3 中所列故障并进行分析和测量，将测量结果记入表 4.4.3 中。

表 4.4.3　延时开关电路故障分析与测量记录表

故障设置	故障现象	V_A/V	接触 M 对 V_A 的影响	U_{LED}/V
R_1 断开				
VT_2 基极断路				
VT_2 的 b→e 短路				

续表

故障设置	故障现象	V_A/V	接触 M 对 V_A 的影响	U_{LED}/V
电容 C 断路				
LED 反接				

六、实验总结与思考

（1）记录和整理实验数据，并对数据进行分析。

（2）进行实验总结，按要求完成实验报告。

（3）用手触摸 M 前，VT_1、VT_2、VT_3 分别工作在什么状态下？当 VT_1、VT_2 截止后，VT_3 为什么还会导通？

模电实验四　测评表

姓名		学号		班级		成绩	
任务名称	分值	评分标准				得分	合计
元器件的识别	30分	（1）电阻识别正确（10分）					
		（2）电容识别正确（5分）					
		（3）二极管识别正确（5分）					
		（4）三极管识别正确（10分）					
电路连接与测量	50分	（1）元器件位置正确（10分）					
		（2）电路连接正确（15分）					
		（3）电路工作正常（15分）					
		（4）万用表使用正确（10分）					
实验台整理	10分	实验结束后关掉电源，整理设备和连线，清理台面，上交器件					
操作规范	10分	操作符合规范					

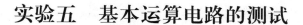

实验五 基本运算电路的测试

一、实验目的

（1）掌握集成运算放大器的基本用法。
（2）掌握构成各种运算电路的基本方法。

二、实验设备

实验设备如表 4.5.1 所示。

表 4.5.1 实验设备

设备名称	型号	数量
数字式万用表	UT51	一块
模拟电路实验箱	THM-3	一台

三、实验电路与实验原理

实验电路如图 4.5.1 所示。

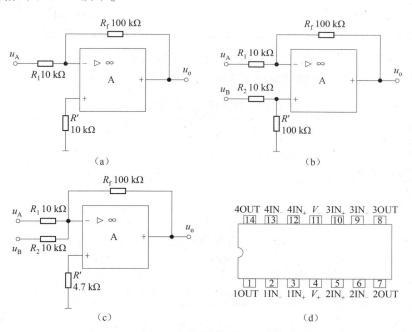

图 4.5.1 实验电路与集成电路引脚排列图
（a）反相比例放大电路；（b）减法电路；（c）反相加法电路；（d）LM324 引脚排列图

在放大电路中，R' 称为直流平衡电阻，用来改善运放失调参数。

在反相比例放大电路中，$R' = R_f // R_1$，$u_o = -\dfrac{R_f}{R_1} u_A$；

在减法电路中，当取 $R_1 = R_2$ 和 $R_f = R'$ 时，$u_o = -\dfrac{R_f}{R_1}(u_A - u_B)$；

在反相加法电路中，$R' = R_f // R_1 // R_2$，$u_o = -\dfrac{R_f}{R_1}(u_A + u_B)$。

四、实验预习要求

（1）复习集成电路的引脚识别方法。

（2）复习基本运算电路的相关理论基础知识。

（3）对各电路进行理论计算并填入表格中。

五、实验内容与步骤

（1）按照电路图 4.5.1（a）搭接反相比例放大电路，按表 4.5.2 输入对应信号，并用万用表测量电路输出电压 u_o 的大小，将结果记入表 4.5.2 中。

表 4.5.2　反相比例放大电路测量数据记录表

输入 u_A/V	0.1	+1	0	−0.1	−1
u_o 理论值					
u_o 实测值					
误差					

（2）按照电路图 4.5.1（b）搭接减法电路，按表 4.5.3 输入对应信号，并用万用表测量电路输出电压 u_o 的大小，将结果记入表 4.5.3 中。

表 4.5.3　减法电路测量数据记录表

输入 u_A/V	+0.3	+0.4	0	−0.1	−0.3
输入 u_B/V	+0.2	+0.3	0	−0.2	−0.5
u_o 理论值					
u_o 实测值					
误差					

（3）按照电路图 4.5.1（c）搭接反相加法电路，按表 4.5.4 输入对应信号，并用万用表测量电路输出电压 u_o 的大小，将结果记入表 4.5.4 中。

表 4.5.4　加法电路测量数据记录表

输入 u_A/V	+0.1	+0.2	0	−0.1	−0.2
输入 u_B/V	+0.2	+0.3	0	−0.2	−0.3
u_o 理论值					
u_o 实测值					
误差					

六、实验总结与思考

（1）记录和整理实验数据，并对数据进行分析。

（2）进行实验总结，按要求完成实验报告。

模电实验五　测评表

姓名		学号		班级		成绩	
任务名称	分值	评分标准				得分	合计
集成运放的使用	15 分	（1）引脚识别正确（5 分）					
		（2）正确使用集成运放（5 分）					
		（3）电阻识别正确（5 分）					
电路连接	25 分	（1）元器件位置正确（5 分）					
		（2）电路连接正确（20 分）					
电路测量	40 分	（1）万用表使用正确（10 分）					
		（2）直流电源供电正确（10 分）					
		（3）数据测量正确（20 分）					
实验台整理	10 分	实验结束后关掉电源，整理设备和连线，清理台面，上交器件					
操作规范	10 分	操作符合规范					

实验六 微分、积分运算电路的测试

一、实验目的

（1）掌握微分、积分运算电路输出波形的测量方法。
（2）了解微分、积分运算电路对波形的变换作用。

二、实验设备

实验设备如表 4.6.1 所示。

表 4.6.1 实验设备

设备名称	型号	数量
双踪示波器	GDS-1062A	一台
函数信号发生器	SFG-1003	一台
数字式万用表	UT51	一块
模拟电路实验箱	THM-3	一台

三、实验电路与实验原理

实验电路如图 4.6.1 所示。

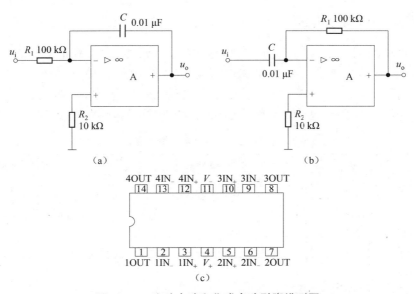

图 4.6.1 实验电路和集成电路引脚排列图
（a）积分运算电路；（b）微分运算电路；（c）集成运放 LM324 引脚排列图

1. 积分运算电路的工作原理

假设电容 C 的初始电压为 0，输出电压为：

$$u_o = -\frac{1}{R_1 C}\int u_i \mathrm{d}t$$

由于电容 C 在稳态时相当于开路，这样运算放大器对直流相当于一个开环放大器（无反馈阻抗的放大器），容易产生零点漂移。因此，常与电容 C 并联一个高阻值电阻，通常为 $1\sim 4$ MΩ。

2. 微分运算电路的工作原理

假设电容 C 的初始电压为 0，输出电压为：

$$u_o = -R_1 C\frac{\mathrm{d}u_i}{\mathrm{d}t}$$

上式表明，输出电压 u_o 为输入电压 u_i 对时间的微分，且相位相反。

但基本微分运算电路在实际生活中并不实用，当输入电压产生阶跃变化或者有脉冲式大幅值干扰时，会使集成运放内部放大管进入饱和状态或截止状态，即使信号消失，内部放大管也不能回到放大状态，出现阻塞现象，导致电路无法正常工作。此外，基本微分运算电路容易产生自激振荡，使电路不能稳定工作。

四、实验预习要求

（1）复习集成电路的引脚识别方法。

（2）复习微分、积分运算电路的相关理论基础知识。

（3）复习示波器和函数信号发生器的使用方法。

五、实验内容与步骤

（1）按照图 4.6.1（a）搭接积分运算电路，在输入端加入 1 kHz 的方波信号，调整输入信号的大小，用示波器同时观察输入和输出波形，测出波形的峰-峰值并记录在表 4.6.2 中。

（2）按照图 4.6.1（b）搭接微分运算电路，在输入端加入 1 kHz 的方波信号，调整输入信号的大小，用示波器同时观察输入和输出波形，测出波形的峰-峰值并记录在表 4.6.2 中。

表 4.6.2 积分、微分运算电路测量参数记录表

电路	积分运算电路	微分运算电路
输入波形		
输出波形		
输入电压峰-峰值		
输出电压峰-峰值		

六、实验总结与思考

（1）记录和整理实验数据，并对数据进行分析。

（2）进行实验总结，按要求完成实验报告。

模电实验六　测评表

姓名		学号		班级		成绩	
任务名称	分值	评分标准				得分	合计
集成运放的使用	15 分	（1）引脚识别正确（5 分）					
		（2）正确使用集成运放（5 分）					
		（3）元器件识别正确（5 分）					
电路连接	25 分	（1）元器件位置正确（5 分）					
		（2）电路连接正确（20 分）					
电路测量	40 分	（1）示波器使用正确（10 分）					
		（2）信号源使用正确（10 分）					
		（3）波形数据测量正确（20 分）					
实验台整理	10 分	实验结束后关掉电源，整理设备和连线，清理台面，上交器件					
操作规范	10 分	操作符合规范					

实验七　波形发生电路的测试

一、实验目的

（1）掌握用运算放大器构成各种非正弦波电路的方法。

（2）掌握用示波器测量周期和频率的方法。

二、实验设备

实验设备如表 4.7.1 所示。

表 4.7.1　实验设备

设备名称	型号	数量
双踪示波器	GDS-1062A	一台
数字式万用表	UT51	一块
模拟电路实验箱	THM-3	一台

三、实验电路与实验原理

集成运放 LM324 引脚排列图如图 4.7.1 所示，实验电路如图 4.7.2、图 4.7.3 所示。

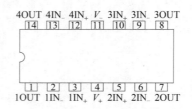

图 4.7.1　集成运放 LM324 引脚排列图

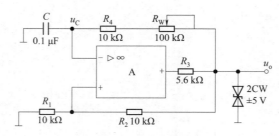

图 4.7.2　方波产生电路

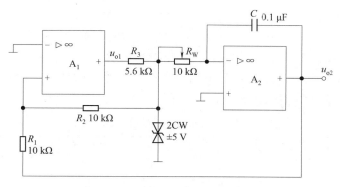

图 4.7.3　方波-三角波产生电路

本实验中的图 4.7.2 所示的方波产生电路实际上也是一个简单的三角波-方波产生电路。电容上的电压 u_C 即是它的输入电压，近似于三角波，这是一种简单的三角波-方波产生电路，其特点是电路简单，但三角波的线性度差，主要用于产生方波。

其振荡周期为：$T = 2RC\ln(1 + 2R_1/R_2)$（$R = R_4 + R_W$）；

输出方波 u_o 的幅值：$U_{om} = |\pm U_Z|$（U_Z 是稳压二极管的稳压值）。

在方波-三角波产生电路中，运算放大器 A_1 与电阻 R_1、R_2 构成同相迟滞比较器。运算放大器 A_2 与 R_W、C 构成积分运算电路，二者形成闭合回路。由于积分运算电路的作用，在 A_2 的输出端得到线性度较好的三角波。

该电路的振荡周期为：$T = 4R_1 R_W C / R_2$；

输出方波 u_{o1} 的幅值为：$U_{o1m} = |\pm U_Z|$；

输出三角波 u_{o2} 的幅值为：$U_{o2m} = |\pm U_Z R_1 / R_2|$。

四、实验预习要求

（1）复习集成电路的使用方法。

（2）复习用运算放大器构成非正弦电路的方法。

（3）复习示波器的使用方法。

五、实验内容与步骤

（1）按照图 4.7.2 搭建方波产生电路，电路连接正确后加入 ±12 V 的直流电源。调节电位器 R_W 至中点位置，用示波器观察 u_C 和 u_o 的波形并测出 u_o 的峰-峰值，记录在表 4.7.2 中。

表 4.7.2　方波产生电路测量参数记录表

项目	波形	峰-峰值	频率范围
u_C			
u_o			

（2）调节电位器 R_W，观察 u_o 的变化，并测出其频率变化范围，记录在表 4.7.2 中。

（3）按照图 4.7.3 搭接方波-三角波产生电路，电路连接正确后加入 ±12 V 的直流电源。用示波器观察 u_{o1} 和 u_{o2} 的波形并记录在表 4.7.3 中。

（4）调节电位器 R_W，测出电路波形的频率变化范围，并测出 u_{o2} 的电压值最大时，u_{o1} 和 u_{o2} 的峰-峰值，记录在表 4.7.3 中。

表 4.7.3　方波-三角波产生电路测量参数记录表

项目	波形	峰-峰值	频率范围
u_{o1}			
u_{o2}			

六、实验总结与思考

（1）记录和整理实验数据，并对数据进行分析。

（2）进行实验总结，按要求完成实验报告。

模电实验七　测评表

姓名		学号		班级		成绩	
任务名称	分值	评分标准				得分	合计
元器件的选择与识别	15 分	（1）集成块引脚识别正确（5 分）					
		（2）正确使用集成运放（5 分）					
		（3）元器件识别正确（5 分）					
电路连接	25 分	（1）元器件摆放正确（5 分）					
		（2）电路连接正确（20 分）					
电路测量	40 分	（1）电路正常工作（10 分）					
		（2）示波器使用正确（10 分）					
		（3）波形数据测量正确（20 分）					
实验台整理	10 分	实验结束后关掉电源，整理设备和连线，清理台面，上交器件					
操作规范	10 分	操作符合规范					

实验八　OTL 功率放大电路的测试

一、实验目的

（1）了解 OTL 互补对称功率放大器的调试方法。

（2）测量 OTL 互补对称功率放大器的最大输出功率、效率。

二、实验设备

实验设备如表 4.8.1 所示。

表 4.8.1　实验设备

设备名称	型号	数量
双踪示波器	GDS-1062A	一台
函数信号发生器	SFG-1003	一台
数字式万用表	UT51	一块
模拟电路实验箱	THM-3	一台

三、实验电路与实验原理

图 4.8.1 是一个 OTL 功率放大电路原理电路。设电路工作在甲乙类接近乙类，在输入信号为 0 时，适当调节电位器 R_P，就可使 A 点的电位 $V_A = V_{e2} = V_{CC}/2$。

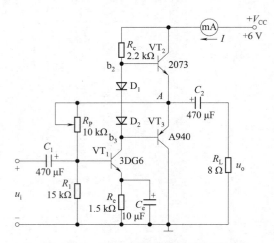

图 4.8.1　OTL 功率放大电路原理图

当在电路中输入信号时，在信号的负半周，信号经 VT_1 放大并反相后加到 VT_2、VT_3 基极，使 VT_2 导通、VT_3 截止，有电流流过 R_L，同时向电容 C_2 充电，形成输出电压的正半周波形；在信号的正半周，经 VT_1 放大并反相后，使 VT_2 截止、VT_3 导通，则已经充电的电

容 C_2 起着电源的作用，通过 VT_3 和 R_L 放电，形成输出电压的负半周波形。当输入信号周而复始变化时，VT_2、VT_3 交替工作，负载上就可得到完整的正弦波。

在理想的情况下，输出电压的最大峰值 $U_{omax}=V_{CC}/2$，但实际上达不到这一数值，这是因为，当输入信号为负半周时，VT_2 导通，由于 R_c 的压降和 U_{BE2} 的存在，当 A 点的电位向 V_{CC} 靠近时，VT_2 管的基极电流将受到限制，故当最大输出电位向 V_{CC} 接近时 VT_2 管的基极电流会受到限制，使最大输出电压幅值远小于 $V_{CC}/2$，而只能达到 $U_{omax}=V_{CC}/2-R_c i_c-U_{BE2}$。

四、实验预习要求

（1）复习 OTL 功率放大电路的基础理论。

（2）复习函数信号发生器的使用方法。

（3）复习示波器的使用方法。

五、实验内容与步骤

（1）按照电路原理图 4.8.1 正确连接电路，并加入+6 V 的直流电压。

（2）在没有加入交流信号的情况下，调节电位器 R_P，使 A 点的电位为 3 V。

（3）在 OTL 功率放大电路的信号输入端加入 1 kHz 的正弦波信号，用示波器输出电压波形。逐渐增大输入电压的幅值，当用示波器观察到输出电压 u_o 的波形为最大不失真时，测出 u_o 的大小、输入输出波形，用万用表测出此时的直流电流 I 和电源电压 V_{CC}，将结果记录在表 4.8.2 中。

表 4.8.2　OTL 功率放大电路参数测量记录表

测量数据		计算数据	
U_o/V		$P_{om}=U_o^2/R_L$	
I/mA		$P_v=V_{CC}I$	
V_{CC}/V		$P_T=P_v-P_{om}$	
输入波形		$\eta=P_{om}/P_v$	
输出波形			

六、实验总结与思考

（1）记录和整理实验数据，分析 P_{om} 和 η 值偏离理想值的主要原因。

（2）进行实验总结，按要求完成实验报告。

模电实验八　测评表

姓名		学号		班级		成绩	
任务名称	分值	评分标准				得分	合计
元器件的选择与识别	15 分	（1）电阻识别正确（5 分）					
		（2）二极管识别正确（5 分）					
		（3）三极管识别正确（5 分）					
电路连接	25 分	（1）元器件摆放正确（5 分）					
		（2）电路连接正确（20 分）					
电路测量	40 分	（1）电路工作正常（10 分）					
		（2）示波器使用正确（10 分）					
		（3）函数信号发生器使用正确（10 分）					
		（4）波形数据测量正确（10 分）					
实验台整理	10 分	实验结束后关掉电源，整理设备和连线，清理台面，上交器件					
操作规范	10 分	操作符合规范					

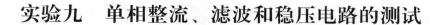

实验九　单相整流、滤波和稳压电路的测试

一、实验目的

（1）掌握用二极管组成整流电路的方法。
（2）学会测量电路的输入、输出波形。
（3）了解滤波效果及稳压效果与电路形式、元件参数的关系。

二、实验设备

实验设备如表4.9.1所示。

表4.9.1　实验设备

设备名称	型号	数量
双踪示波器	GDS-1062A	一台
数字式万用表	UT51	一块
模拟电路实验箱	THM-3	一台

三、实验电路与实验原理

实验电路如图4.9.1所示。

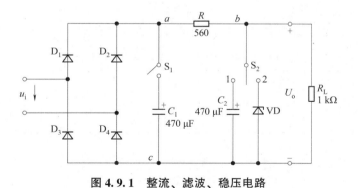

图4.9.1　整流、滤波、稳压电路

（1）整流电路。利用二极管的单向导电性，可以将正弦交流电变为单方向的脉动直流电。电路中利用 D_1、D_2、D_3、D_4 组成桥式整流电路，$U_o = 0.9U_i$。

（2）滤波电路。整流电路输出的脉动直流电压经滤波后可以得到比较平滑的直流电压。滤波器有电容滤波、电感滤波、RC-π 型滤波和复式滤波等多种形式。其中电容滤波的输出电压为 $U_o = (0.9 \sim 1.4)U_i$。RC-π 型滤波器的输出直流电压较电容滤波器要低些。

（3）稳压电路。为了克服交流电源电压的波动和负载变化对输出直流电压的影响，得到比较稳定的直流输出电压，可以在整流、滤波电路之后增加稳压电路。本实验电路采用最简单的并联稳压电路，它只适用于负载电流小，对稳压效果要求不高的场合。

四、实验预习要求

（1）复习桥式整流电路的基础理论。

（2）复习电容滤波、稳压二极管稳压的理论知识。

（3）复习示波器的使用方法。

五、实验内容与步骤

（1）桥式整流电路的测试。在电路原理图 4.9.1 中，将开关 S_1 置于打开、S_2 置于空挡的位置，在交流输入端加入 12 V 的交流电压，用万用表测出 U_i、U_{ab}、U_o 的大小并用示波器观察电路输出端 U_o 的波形，将测量结果记录在表 4.9.1 中。

（2）整流滤波电路的测量。在电路原理图 4.9.1 中，将开关 S_1 闭合、S_2 打向位置"1"，组成 RC-π 型滤波电路，输入 12 V 的交流电压，用万用表测出 U_i、U_{ab}、U_o 的大小并用示波器观察电路输出端 U_o 的波形，将测量结果记录在表 4.9.2 中。

表 4.9.2 整流和滤波电路测量记录表

电路	项目	U_i	U_{ab}	U_o
桥式整流	测量值/V			
	波形			
整流滤波	测量值/V			
	波形			

（3）并联型直流稳压电路。在电路原理图中，将开关 S_1 闭合、S_2 打向位置"2"，组成并联型直流稳压电路，用万用表测出不同负载时的输出电压，并记入表 4.9.3 中。

表 4.9.3 并联直流稳压电路输出电压记录表

R_L/Ω	100	150	560	1 k
V_a/V				
U_o/V				

六、实验总结与思考

（1）记录和整理实验数据，按要求完成实验报告。

（2）在实验中，实际测量的情况是，单相桥式整流电路的输出电压 $U_o < 0.9U_1$，这个值较理论计算值偏小，这是为什么？

（3）实验中，在接入滤波器后，是否还存在 $U_o = 0.9U_i$ 的理论计算关系？影响输出直流电压的因素有哪些？

模电实验九　测评表

姓名		学号		班级		成绩	
任务名称	分值	评分标准				得分	合计
元器件的选择与识别	15 分	（1）电阻识别正确（5 分）					
		（2）二极管识别正确（5 分）					
		（3）电容识别正确（5 分）					
电路连接	25 分	（1）元器件摆放正确（5 分）					
		（2）电路连接正确（20 分）					
电路测量	40 分	（1）电路工作正常（10 分）					
		（2）示波器使用正确（10 分）					
		（3）波形数据测量正确（20 分）					
实验台整理	10 分	实验结束后关掉电源，整理设备和连线，清理台面，上交器件					
操作规范	10 分	操作符合规范					

实验十 串联型直流稳压电源的测试

一、实验目的

（1）掌握串联型稳压电路参数的测量方法。

（2）掌握串联型稳压电路的工作原理和调试方法。

（3）掌握用电压法分析和排除电路故障的方法。

二、实验设备

实验设备如表4.10.1所示。

表4.10.1 实验设备

设备名称	型号	数量
数字式万用表	UT51	一块
模拟电路实验箱	THM-3	一台

三、实验电路与实验原理

串联型直流稳压电源电路如图4.10.1所示，交流电压经过桥式整流、电容滤波后，成为直流电压，其值为交流电压大小的1.2～1.4倍，将这一电压经电阻R_1加至VT_2管的基极，从而使VT_2、VT_1导通，输出值一定的直流电压。在电路中，VT_2、VT_1管组成复合管，使电路具有较好的负载驱动能力，而VT_1管又称为调整管，即通过改变VT_1管的导通程度可调整输出电压的大小。输出电压经电阻R_2加至稳压二极管，为VT_3管提供一个+5 V的参考电压，用于和D点电位进行比较：当D点的电位大于+5.7 V时，VT_3管导通，C点电位下降，经R_1过来的一部分电流经VT_3管形成回路，从而使VT_2、VT_1管的工作点往截止区移动，VT_1管的集-射间电压增大，使输出电压减小；当D点的电位小于+5.7 V时，VT_3管截止，C点电位上升，经电阻R_1过来的电流全部流入VT_2、VT_1，从而使VT_1管的工作点往饱和区移动，VT_1管集-射间电压减小，从而使输出电压增大。电阻R_3、R_4、R_W组成电压取样环节，当人为调节R_W或者电路因负载或其他的原因发生异常时，会使D点的电位发生变化，当这个变化超过电路允许的范围时（如D点的电位大于+5.7 V），电路会自动调节输出电压的大小。

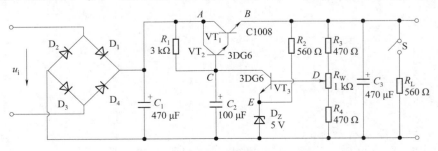

图4.10.1 串联型直流稳压电源电路

四、实验预习要求

（1）复习桥式整流电路的基础理论。

（2）复习电容滤波、稳压二极管稳压的理论知识。

（3）复习三极管的识别方法。

五、实验内容与步骤

（1）按照电路原理图 4.10.1 正确安装电路。

（2）在电路中加入 12 V 的工频交流电压，用万用表测试电路的输出电压 V_B，调节电位器 R_W，观察输出电压的变化范围。

（3）在电路正常工作的情况下，调节电位器使输出电压 V_B 最小。测出此时 A、B、C、D、E 各点的电位以及各三极管发射结电压 U_{BE}，将测试数据填入表 4.10.2 中。

（4）分别设置表 4.10.2 中所列故障，按表测出对应电压（电位）值并进行故障分析，将测试结果记入表 4.10.2 中。

表 4.10.2　串联型直流稳压电源测试数据记录表

电路状态	V_A	V_B	V_C	V_D	V_E	U_{BE1}	U_{BE2}	U_{BE3}
正常								
R_1 开路								
R_2 开路								
D 点开路								
D_3 开路								
D_Z 击穿								
VT_3 的 b→e 短路								

六、实验总结与思考

（1）整理实验数据，并对数据进行分析。

（2）进行实验总结，按要求完成实验报告。

模电实验十　测评表

姓名		学号		班级		成绩	
任务名称	分值	评分标准				得分	合计
元器件的选择与识别	15 分	（1）电阻识别正确（5 分）					
		（2）二极管识别正确（5 分）					
		（3）三极管识别正确（5 分）					
电路连接	35 分	（1）元器件使用正确（5 分）					
		（2）电路连接正确（30 分）					
电路测量	30 分	（1）电路工作正常（10 分）					
		（2）数据测量正确（20 分）					
实验台整理	10 分	实验结束后关掉电源，整理设备和连线，清理台面，上交器件					
操作规范	10 分	操作符合规范					

实验十一　三端集成稳压器的测试

一、实验目的

（1）掌握直流稳压电源主要参数的测试方法。
（2）了解三端稳压器的特性和基本使用方法。

二、实验设备

实验设备如表 4.11.1 所示。

表 4.11.1　实验设备

设备名称	型号	数量
双踪示波器	GDS-1062A	一台
数字式万用表	UT51	一块
模拟电路实验箱	THM-3	一台

三、实验电路与实验原理

实验电路如图 4.11.1 所示。

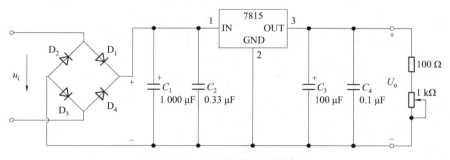

图 4.11.1　三端集成稳压器电路

本实验所用的集成稳压器为三端固定输出正稳压器 7815，它的主要参数有：输出直流电压 U_o 为 +15 V，最大输出电流为 1.5 A。同类型 78M 系列的输出电流为 0.5 A，78L 系列的输出电流为 0.1 A。电压调整率为 10 mV/V，输出电阻 R_o 为 0.15 Ω，输入电压 U_i 的范围为 18~20 V。一般情况下 U_i 要比 U_o 大 3~5 V，才能保证集成稳压器工作在线性区。

用三端集成稳压器 7815 构成的单电源电压输出串联型稳压电源的实验电路如图 4.11.1 所示。将交流电压经过桥式整流、电容滤波后，成为直流电压，其值为交流电压大小的 1.2~1.4 倍，图中电容 C_1 为滤波电容。当要求输出纹波小些时，其值可选大些。C_3 是当负载电流突变时，为改善电源的动态特性而设置的，取值为 100~470 μF。

C_1、C_3 均为电解电容。在结构上，它们是由两个电容极板中间加绝缘介质卷绕而成的，因此，对于电源中的高频分量，电解电容均含有电感，而集成稳压器内部带有负反馈，在高频下，通过 C_1、C_3 的耦合，可能会使稳压器的输出端产生自激振荡，电容 C_2、C_4 正是为了抑制这种振荡或消除电网输入端的高频干扰而设置的，取值为 $0.1 \sim 0.33\ \mu\text{F}$。

在使用三端集成稳压器时要注意以下三点：

（1）要防止三端集成稳压器的输入和输出被接反，当反接电压超过 7 V 时，将损坏三端集成稳压器。

（2）要避免使三端集成稳压器浮地运行。

（3）要防止三端集成稳压器的输出电流过大。

四、实验预习要求

（1）复习桥式整流电路的基础理论。

（2）复习电容滤波的理论知识。

五、实验内容与步骤

（1）按照电路原理图 4.11.1 正确安装电路。

（2）在输入端加入表 4.11.2 中所示的交流电压，调节电位器，使负载电流为 100 mA，分别测出对应的输出 U_o、对应的输入纹波电压、输出纹波电压。将实验数据记入表 4.11.2 中。

表 4.11.2 三端稳压电路测试结果记录表

U_i/V	U_o（输出直流电压）	U_i（输入纹波电压）	U_o（输出纹波电压）
17			
14			
10			

六、实验总结与思考

（1）整理实验数据，并对数据进行分析。

（2）进行实验总结，按要求完成实验报告。

模电实验十一　测评表

姓名		学号		班级		成绩	
任务名称	分值	评分标准				得分	合计
元器件的选择与识别	15 分	（1）电阻识别正确（5 分）					
		（2）电容识别正确（5 分）					
		（3）三端集成稳压器识别正确（5 分）					
电路连接	35 分	（1）元器件使用正确（5 分）					
		（2）电路连接正确（30 分）					
电路测量	30 分	（1）电路工作正常（10 分）					
		（2）数据测量正确（20 分）					
实验台整理	10 分	实验结束后关掉电源，整理设备和连线，清理台面，上交器件					
操作规范	10 分	操作符合规范					

实验十二　闸管可控整流电路的测试

一、实验目的

（1）掌握单结晶体管和晶闸管的识别方法。
（2）掌握单结晶体管触发电路的工作原理及调试方法。
（3）掌握晶闸管调压电路的调试方法。

二、实验设备

实验设备如表 4.12.1 所示。

表 4.12.1　实验设备

设备名称	型号	数量
双踪示波器	GDS-1062A	一台
数字式万用表	UT51	一块
模拟电路实验箱	THM-3	一台

三、实验电路与实验原理

图 4.12.1 所示为单相半控桥式整流实验电路。整流电路的作用是把交流电变换为全波波形，再由稳压管 D_Z 完成稳压任务（不是采用电容滤波），对整流后的脉动直流电进行削波，这一步的作用是为了保持其过零状态，使后面的电路与交流电（50 Hz）工作同步。

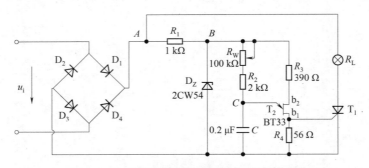

图 4.12.1　单相晶闸管可控整流电路原理图

其主电路由负载 R_L（灯泡）和晶闸管 T_1 组成。

触发电路为单结晶体管 T_2 及一些阻容元件构成的阻容移相桥触发电路。由 R_W、R_2、C 组成的 RC 电路作为延时电路，当 C 的电压达到单结晶体管 T_2 的谷点电压时，T_2 饱和导通，在 b_1 端输出一个上升尖脉冲，晶闸管 T_1 触发导通。调节 R_W，可调节 RC 的充、放电速度，从而改变单结晶体管的饱和时间，使 R_4 上的触发脉冲出现的时间得到改变，进而调节晶闸管导通角，从而可调节主电路的可控输出整流电压（或电流）的数值，使灯泡的亮度发生变化。晶闸管导通角的大小取决于触发脉冲的频率 f，其计算公式为 $f=\dfrac{1}{RC}\ln\left(\dfrac{1}{1-n}\right)$，当单结晶体管的分压比 η（一般为 $0.5\sim0.8$）及电容 C 值固定时，则频率 f 大小由 R 决定，因此，通过调节电位器 R_{W}，便可以改变触发脉冲频率，主电路的输出电压也随之改变，从而达到可控调压的目的。

图 4.12.2 为单结晶体管 T_2 的引脚排列、结构图及电路符号。好的单结晶体管，其 PN 结正向电阻 R_{eb_1}、R_{eb_2} 均较小，且 R_{eb_1} 稍大于 R_{eb_2}，PN 结的反向电阻 $R_{\mathrm{b}_1\mathrm{e}}$、$R_{\mathrm{b}_2\mathrm{e}}$ 均应很大，根据所测阻值，即可判断出各引脚及管子的质量优劣。单结晶体管的工作原理是：当发射极电压高于峰点电压时，单结晶体管导通；当发射极电压低于谷点电压时，单结晶体管截止。

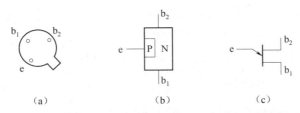

图 4.12.2　单结晶体管 T_2 的引脚排列、结构图、电路符号

（a）引脚排列；（b）结构图；（c）电路符号

图 4.12.3 为晶闸管结构及电路符号图。晶闸管阳极（A）与阴极（K）以及阳极（A）与门极（G）之间的正、反向电阻 R_{AK}、R_{KA}、R_{AG}、R_{GA} 均应很大，而 G 与 K 之间为一个 PN 结，PN 结正向电阻 R_{GK} 应较小，反向电阻 R_{KG} 应很大。晶闸管的工作原理为：当一个阻断的晶闸管阳极和门极都承受足够的正向电压时，晶闸管就会导通，此时电流从阳极流向阴极；晶闸管一旦导通，门极便失去控制作用，只有当从阳极流向阴极的电流降为零或阳极承受负电压时，才能使其关断。

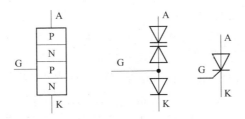

图 4.12.3　晶闸管结构、电路符号图

四、实验预习要求

（1）复习函数信号发生器的使用方法。

（2）预习单结晶体管、晶闸管的识别方法。

（3）预习晶闸管可控整流电路的工作原理。

五、实验内容与步骤

1. 单结晶体管的测试

用万用表分别测量 eb_1、eb_2 间正、反向电阻，判断单结晶体管的好坏，将测量结果记录在表 4.12.2 中。

表 4.12.2　单结晶体管质量判断记录表　　　　　　　　　　　　　　Ω

R_{eb_1}	R_{b_1e}	R_{eb_2}	R_{b_2e}	结论

2. 晶闸管的测试

用万用表分别测量 A 与 K、A 与 G 之间的正、反向电阻，测量 G 与 K 之间的正、反向电阻，判断晶闸管的好坏。将测量结果记录在表 4.12.3 中。

表 4.12.3　晶闸管质量判断记录表　　　　　　　　　　　　　　kΩ

R_{AK}	R_{KA}	R_{AG}	R_{GA}	R_{GK}	R_{KG}	结论

3. 搭接电路原理图

按照图 4.12.1 搭接电路原理图，并接入 10 V 交流电源，调节电位器，看灯泡是否可以由暗到中等亮再到最亮，确定电路是否正常工作。

4. 触发电路的测试

（1）断开主电路，接通电源，用示波器依次观察输入电压 u_i 以及 A、B、C、b_1 各点的电压大小和电压波形，并按波形的对应关系记录好波形。

（2）断开主电路，接通电源，调节 R_W，观察 U_C、U_{b_1} 波形的变化以及 U_{b_1} 的移相范围。

5. 可控整流电路测试

接入主电路，接通电源，调节电位器，使灯泡由暗到中等亮再到最亮，在三种对应的情况下，分别用示波器观察晶闸管两端的电压波形、负载两端的电压波形，并测量出负载两端直流电压及电源电压的有效值。将测量结果记录在表 4.12.4 中。

表 4.12.4　可控整流电路测试记录表

项目	暗	较亮	最亮
U_{R_L} 波形			
U_{T_1} 波形			
导通角 θ			
U_{R_L}/V			
U_i/V			

六、实验总结与思考

（1）总结晶闸管导通和关断的基本条件。

（2）进行实验总结，按要求完成实验报告。

模电实验十二　测评表

姓名		学号		班级		成绩	
任务名称	分值	评分标准				得分	合计
元器件的选择与识别	15 分	（1）电阻识别正确（5 分）					
		（2）单结晶体管识别正确（5 分）					
		（3）晶闸管识别正确（5 分）					
电路连接	35 分	（1）元器件使用正确（5 分）					
		（2）电路连接正确（30 分）					
电路测量	30 分	（1）电路工作正常（10 分）					
		（2）数据测量正确（20 分）					
实验台整理	10 分	实验结束后关掉电源，整理设备和连线，清理台面，上交器件					
操作规范	10 分	操作符合规范					

项目五

数字电子技术基础实验

项目导入

数字电子技术是研究数字信号的产生、传输、处理和控制的技术。在现代社会中，数字电子技术已经广泛应用于通信、计算机、控制、测量等领域，成为推动社会进步和发展的重要力量。通过数字电路实验的学习，我们可以将理论知识与实际操作相结合，更好地理解和掌握数字电子技术的核心原理，培养学生动手能力和解决问题的能力，为以后在面对实际问题时能够迅速找到解决方案打下坚实的基础。本项目的实验内容主要分为两个部分，一是数字电路基础，包括基本门电路、组合逻辑电路和时序逻辑电路的设计与实现等；二是数字系统设计与实现，通过设计简单的数字系统（如计数器、计时器等），我们将学会如何将多个数字电路组合起来实现特定的功能。

数字电路中的每个器件，都有各自独立的作用，当我们通过自己学习的知识，将各个器件组成一个完整的系统，就能实现更多更复杂、更强大的功能，这就像我们人的个体，个人的力量是渺小的，但当我们依托集体，背靠国家，我们才能成就自己的梦想。只有全国人民努力奋斗，才能带来国家的兴旺，而强大的祖国才是我们个人发展的保证。在电子行业面临数字化转型趋势的今天，电子技术正朝着智能化、便捷化、人性化的方向发展，作为当代大学生，要有紧迫感和使命感，要抓住时代潮流，不断提升自己的实践创新能力，努力奋斗，为祖国的数字化建设贡献自己的力量。

实验一 集成门电路的逻辑变换

一、实验目的

（1）掌握集成门电路的使用方法；
（2）掌握门电路的逻辑变换方法；
（3）了解实验电路的基本工作原理；
（4）掌握门电路的调试方法。

二、实验用集成块

集成块 74LS00 引脚排列图如图 5.1.1 所示。

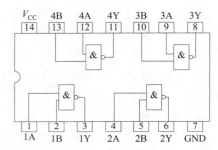

图 5.1.1 集成块 74LS00 引脚排列图

三、实验设备

实验设备如表 5.1.1 所示。

表 5.1.1 实验设备

设备名称	型号	数量
数字式万用表	UT51	一块
数字电路实验箱	THD-1	一台

四、实验预习要求

（1）复习门电路的使用方法。
（2）复习门电路的逻辑变换方法。

五、实验内容与步骤

用 74LS00 实现下列逻辑功能：

①Q＝A+B；

②Q＝$\overline{A+B}$；

③Q＝AB；

④Q＝AB+CD。

（1）对上面的逻辑表达式进行逻辑变换：

①Q＝A+B＝$\overline{\overline{A+B}}$＝$\overline{\overline{A}\cdot\overline{B}}$；

②Q＝$\overline{A+B}$＝$\overline{\overline{\overline{A}\cdot\overline{B}}}$；

③Q＝AB＝$\overline{\overline{AB}}$

④Q＝AB+CD＝$\overline{\overline{AB}\cdot\overline{CD}}$。

（2）画出相应的逻辑电路图，如图5.1.2~图5.1.5所示。

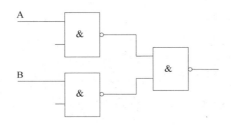

图5.1.2 Q＝A+B 的逻辑电路

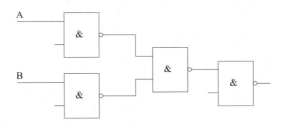

图5.1.3 Q＝$\overline{A+B}$ 的逻辑电路

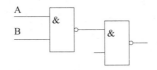

图5.1.4 Q＝AB 的逻辑电路

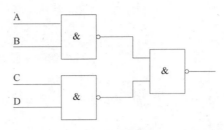

图 5.1.5 Q=AB+CD 的逻辑电路

（3）按照图 5.1.2 搭接电路，完成对应的测试，将结果记录在表 5.1.2 中。

表 5.1.2 Q=A+B 测试数据记录表

输入		输出
A	B	Q=A+B
0	0	
0	1	
1	0	
1	1	

（4）按照图 5.1.3 搭接电路，完成对应的测试，将结果记录在表 5.1.3 中。

表 5.1.3 Q=$\overline{A+B}$ 测试数据记录表

输入		输出
A	B	Q=$\overline{A+B}$
0	0	
0	1	
1	0	
1	1	

（5）按照图 5.1.4 搭接电路，完成对应的测试，将结果记录在表 5.1.4 中。

表 5.1.4 Q=AB 测试数据记录表

输入		输出
A	B	Q=AB
0	0	
0	1	
1	0	
1	1	

（6）按照图 5.1.5 搭接电路，完成对应的测试，将结果记录在表 5.1.5 中。

表 5.1.5　Q＝AB+CD 测试数据记录表

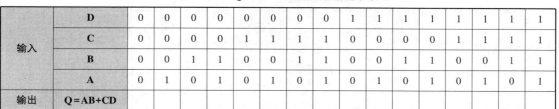

输入	D	0	0	0	0	0	0	0	0	1	1	1	1	1	1	1	1
	C	0	0	0	0	1	1	1	1	0	0	0	0	1	1	1	1
	B	0	0	1	1	0	0	1	1	0	0	1	1	0	0	1	1
	A	0	1	0	1	0	1	0	1	0	1	0	1	0	1	0	1
输出	Q＝AB+CD																

六、实验总结与思考

（1）记录和整理实验数据，并对数据进行分析。

（2）进行实验总结，按要求完成实验报告。

（3）总结集成门电路的使用规则。

数电实验一　测评表

姓名		学号		班级		成绩	
任务名称	分值	评分标准				得分	合计
集成电路的使用	15分	（1）集成块引脚识别正确（10分）					
		（2）集成块插放正确（5分）					
电路连接	35分	（1）+5 V 电源连接正确（5分）					
		（2）逻辑门对应的输入输出正确（10）					
		（3）信号输出连接正确（10分）					
		（4）信号输入连接正确（10分）					
电路测量	30分	（1）电路工作正常（25分）					
		（2）万用表使用正确（5分）					
实验台整理	10分	实验结束后关掉电源，整理设备和连线，清理台面，上交器件					
操作规范	10分	操作符合规范					

实验二 组合电路的测试

一、实验目的

（1）进一步巩固门电路的使用方法；
（2）掌握组合电路逻辑量的测试方法；
（3）了解实验电路的基本工作原理；
（4）学会分析组合电路的逻辑功能。

二、实验设备

实验设备如表 5.2.1 所示。

表 5.2.1 实验设备

设备名称	型号	数量
数字电路实验箱	THD-1	一台
数字式万用表	UT51	一块

三、实验电路与工作原理

实验电路及集成块引脚排列图如图 5.2.1~图 5.2.5 所示。

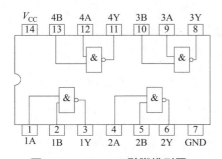
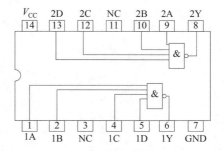

图 5.2.1 74LS00 引脚排列图　　　　图 5.2.2 74LS20 引脚排列图

组合电路是最常见的逻辑电路，可用一些常用的门电路来组合成具有其他功能的电路。从组合电路的功能特点来看：①电路的输入状态被确定后，输出状态则唯一地被确定下来，因而，输出变量是输入变量的逻辑函数。②电路的输出状态不影响输入状态，电路的历史状态不影响输出状态。从组合电路的结构特点来看：①电路中不存在输出端到输入端的反馈电路；②电路中不包含储存信号的记忆元件，一般由各种门电路组成。

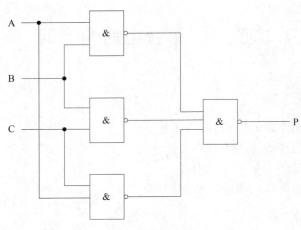

图 5.2.3　三人表决电路

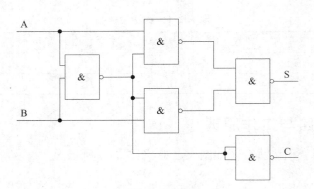

图 5.2.4　半加器电路

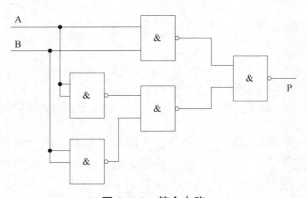

图 5.2.5　符合电路

　　组合电路的逻辑功能可用真值表来表示。要验证组合电路的逻辑功能是否与真值表相符，有两种测试方法：①静态测试。即在各输入端加入离散的 0、1 电平，检测其输出端是否与真值表相符。②动态测试。即在组合电路的输入端分别输入周期性信号，用示波器观察输入输出波形，根据波形判断输入信号变化时输出能否跟上变化，与真值表是否符合。

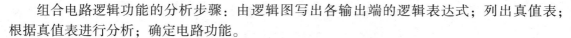

组合电路逻辑功能的分析步骤：由逻辑图写出各输出端的逻辑表达式；列出真值表；根据真值表进行分析；确定电路功能。

由图 5.2.3 可知：

$$P = AB + BC + AC$$

即输入端 ABC 中有两个及以上为高电平时，输出为高电平，否则输出为低电平。

由图 5.2.4 可知：

$$C = AB, \quad S = A(\overline{A+B}) + B(\overline{A+B})$$

由图 5.2.5 可知，该组合电路具有如下功能：当输入信号 A 和 B 同时为高电平或同时为低电平时，输出 P 为高电平，否则为低电平。

四、实验预习要求

（1）复习门电路的使用方法和使用规则。

（2）复习组合电路的基础理论。

五、实验内容与步骤

（1）判断所用 74LS00、74LS20 的逻辑功能是否正常。

（2）按照图 5.2.3 安装并测试三人表决电路，将结果记录在表 5.2.2 中。

表 5.2.2　三人表决电路测试数据记录表

输入			输出
A	B	C	P = AB + BC + AC
0	0	0	
0	0	1	
0	1	0	
0	1	1	
1	0	0	
1	0	1	
1	1	0	
1	1	1	

（3）按照图 5.2.4 安装并测试半加器电路，将结果记录在表 5.2.3 中。

表 5.2.3　半加器电路测试数据记录表

输入		输出	
A	B	S	C
0	0		
0	1		
1	0		
1	1		

（4）按照图 5.2.5 安装并测试符合电路，将结果记录在表 5.2.4 中。

表 5.2.4　符合电路测试数据记录表

输入		输出
A	B	P
0	0	
0	1	
1	0	
1	1	

六、实验总结与思考

（1）记录和整理实验数据，并对数据进行分析。

（2）进行实验总结，按要求完成实验报告。

（3）总结集成门电路的使用规则。

数电实验二　测评表

姓名		学号		班级		成绩	
任务名称		分值	评分标准			得分	合计
集成电路的使用		15 分	(1) 集成块引脚识别正确（10 分）				
			(2) 集成块插放正确（5 分）				
电路连接		35 分	(1) +5 V 电源连接正确（5 分）				
			(2) 门电路对应的输入输出正确（10）				
			(3) 信号输出连接正确（10 分）				
			(4) 信号输入连接正确（10 分）				
电路测量		30 分	(1) 电路工作正常（25 分）				
			(2) 万用表使用正确（5 分）				
实验台整理		10 分	实验结束后关掉电源，整理设备和连线，清理台面，上交器件				
操作规范		10 分	操作符合规范				

实验三 组合电路的设计与调试

一、实验目的

（1）掌握组合电路的设计方法和设计步骤。

（2）进一步掌握组合电路的测试方法。

二、实验设备

实验设备如表 5.3.1 所示。

表 5.3.1 实验设备

设备名称	型号	数量
数字式万用表	UT51	一块
数字电路实验箱	THD-1	一台

三、设计内容

用 74LS00 设计一个能判断二进制数 A 与 B 大小的比较电路，画出逻辑图。图 5.3.1 为 74LS00 引脚排列图。

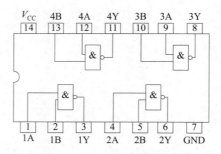

图 5.3.1 74LS00 引脚排列图

四、设计步骤

用 L_1、L_2、L_3 分别表示三种状态，即 L_1（A>B）、L_2（A<B）、L_3（A=B）。若 A>B，则 L_1 为 1；若 A<B，则 L_2 为 1；若 A=B，则 L_3 为 1。

（1）列出真值表，如表 5.3.2 所示。

表 5.3.2　比较器电路设计真值表

输入		输出		
A	B	L_1 （A>B）	L_2 （A<B）	L_3 （A=B）
0	0	0	0	1
0	1	0	1	0
1	0	1	0	0
1	1	0	0	1

（2）根据真值表写出逻辑表达式：

$L_1 = A\overline{B} = \overline{\overline{A\overline{B}}}$；

$L_2 = \overline{A}B = \overline{\overline{\overline{A}B}}$；

$L_3 = \overline{A}\ \overline{B} + AB = \overline{\overline{\overline{A}\overline{B}} + \overline{AB}} = \overline{\overline{A\overline{B}}\ \overline{\overline{A}B}} = \overline{\overline{L_1}\ \overline{L_2}} = \overline{\overline{L_1}\ \overline{L_2}}$。

（3）画出逻辑电路图，如图 5.3.2 所示。

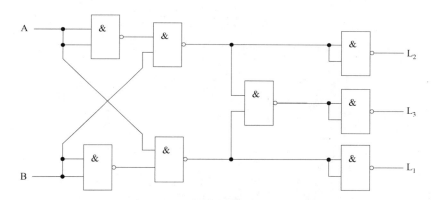

图 5.3.2　比较器电路设计参考图

五、实验电路调试

根据设计出来的逻辑电路图接好线，其中集成电路选用 74LS00 与非门，A、B 接逻辑电平开关，L_1、L_2、L_3 接到逻辑显示器，将实验结果记录下来，验证设计是否符合要求，将测试结果记录在表 5.3.3 中。

表 5.3.3　比较器电路逻辑功能测试记录表

输入		输出（LED 亮、灭）		
A	B	L_1 （A>B）	L_2 （A<B）	L_3 （A=B）
0	0			
0	1			
1	0			
1	1			

六、实验总结与思考

（1）记录和整理实验数据，并对数据进行分析。

（2）进行实验总结，按要求完成实验报告。

数电实验三　测评表

姓名		学号		班级		成绩	
任务名称	分值	评分标准				得分	合计
集成电路的使用	15 分	（1）集成块引脚识别正确（10 分）					
		（2）集成块插放正确（5 分）					
电路设计	15 分	电路设计正确					
电路连接	35 分	（1）+5 V 电源连接正确（5 分）					
		（2）门电路对应的输入输出正确（10）					
		（3）信号输出连接正确（10分）					
		（4）信号输入连接正确（10分）					
电路测量	15 分	（1）电路工作正常（10 分）					
		（2）万用表使用正确（5 分）					
实验台整理	10 分	实验结束后关掉电源，整理设备和连线，清理台面，上交器件					
操作规范	10 分	操作符合规范					

实验四　环形振荡器的测试

一、实验目的

（1）进一步掌握 TTL 和 CMOS 集成门电路的使用方法。

（2）了解环形振荡器的工作原理及 R、C 元件对振荡频率的影响。

二、实验设备

实验设备如表 5.4.1 所示。

表 5.4.1　实验设备

设备名称	型号	数量
数字式万用表	UT51	一块
数字电路实验箱	THD−1	一台
双踪示波器	GDS−1062A	一台

三、实验电路与工作原理

实验电路如图 5.4.1 所示。图 5.4.2 为 CC4069 引脚排列图。

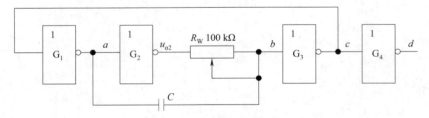

图 5.4.1　CC4069 组成的环形振荡器

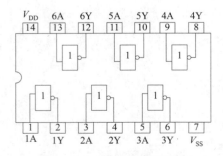

图 5.4.2　CC4069 引脚排列图

环形振荡器主要由门电路 G_1、G_2、G_3 组成，第 4 个门电路的作用是整形，是为了取得较好的方波。

环形振荡器利用电容的充放电过程，控制 b 点的电压，从而控制第三个非门的开启和关闭，形成多谐振荡器。其原理如下：

当接通电源后，若 G_3 门截止，则 $u_c = U_{oH}$，使 G_1 导通，其输出 u_a 为低电平，G_2 截止，G_2 的输出 u_{o2} 为高电平，并通过 R_W 向 C 充电，u_b 点电压按指数规律上升，只要 $u_b < 1.4$ V，电路就维持 G_1 导通，G_2 和 G_3 截止的状态不变。此为电路的第一暂稳态。

当 u_b 上升到 1.4 V 时，G_3 由截止变为导通，u_c 下降为低电平，使 G_1 截止，u_a 上跳为高电平，G_2 导通，u_{o2} 下跳为低电平。经自动翻转后，电路进入第二暂稳态，即 G_1 截止，G_2 和 G_3 导通的状态。

由于电容 C 两端电压不能突变，u_a 由低电平上跳为高电平，同时电容 C 开始放电，u_b 按指数规律下降。在 u_b 大于 1.4 V 前，电路维持第二暂稳态。

当 u_b 下降到 1.4 V 时，G_3 由导通变为截止，u_c 上跳为高电平，G_1 导通，u_a 下跳为低电平，G_2 截止，u_{o2} 上跳为高电平。这又是一个自动翻转的过程。电路返回到第一暂稳态。

由于电容 C 两端电压不能突变，u_a 由高电平上跳为低电平，u_c 也下跳为同样的幅值。同时电容 C 开始充电，完成振荡过程的一个周期。如此周而复始，在输出端得到一个周期性的矩形脉冲。

电容的充电时间：$t_{W1} \approx 0.94 R_W C$

电容的放电时间：$t_{W2} \approx 1.26 R_W C$

振荡周期：$T \approx 2.2 R_W C$

根据以上分析，画出各点的电压波形如图 5.4.3 所示。

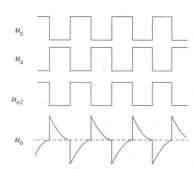

图 5.4.3　环形振荡器各点电压波形

四、实验预习要求

（1）复习 CMOS 门电路的使用方法。

（2）复习示波器的使用方法。

五、实验内容和步骤

（1）按照电路原理图 5.4.1 搭接电路。正确连线后加入 +5 V 的直流电压。

（2）取 $C = 0.1$ μF，调节 R_W，测试并记录脉冲波形的幅值和波形的最大频率、最小频率值，将测试数据记录在表 5.4.2 中。

表 5.4.2　环形振荡器测试数据记录表

参数	测试数据
U_m/V	
f_{max}/Hz	
f_{min}/Hz	

（3）观察当振荡频率 $f = f_{max}$ 时，电路图 5.4.1 中 a、b、c、d 各点的电压波形，并记录于图 5.4.4 中。

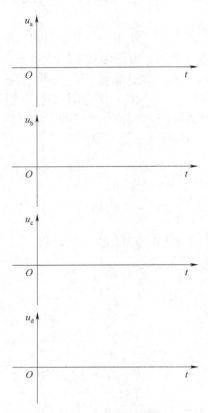

图 5.4.4　$a \sim d$ 各点的电压波形

（4）取 $C = 0.01\ \mu F$，重复上述步骤。

六、实验总结与思考

（1）记录和整理实验数据，并对数据进行分析。
（2）进行实验总结，按要求完成实验报告。

数电实验四　测评表

姓名		学号		班级		成绩	
任务名称	分值	评分标准				得分	合计
集成电路的使用	15分	（1）集成块引脚识别正确（10）					
		（2）集成块插放正确（5）					
电路连接	35分	（1）+5 V 电源连接正确（5）					
		（2）门电路对应的输入输出正确（10）					
		（3）信号输出连接正确（10）					
		（4）信号输入连接正确（10）					
电路测量	30分	（1）电路工作正常（10分）					
		（2）仪器仪表使用正确（10分）					
		（3）波形和数据测量正确（10分）					
实验台整理	10分	实验结束后关掉电源，整理设备和连线，清理台面，上交器件					
操作规范	10分	操作符合规范					

实验五 单稳态触发器的测试

一、实验目的

(1) 掌握门电路组成的单稳态触发器电路及其应用。
(2) 掌握单稳态触发器电路波形的测试方法。
(3) 了解单稳态触发器的工作原理。

三、实验设备

实验设备如表 5.5.1 所示。

表 5.5.1 实验设备

设备名称	型号	数量
数字电路实验箱	THD-1	一台
数字式万用表	UT51	一块
函数信号发生器	SFG-1003	一台
双踪示波器	GDS-1062A	一台

三、实验电路及工作原理

由 CMOS 或非门和反相器组成的单稳态触发器电路如图 5.5.1 所示，CD4069、CD4001 的引脚排列图如图 5.5.2 所示。

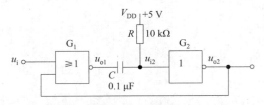

图 5.5.1 单稳态触发器电路原理图

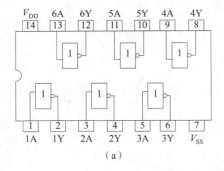 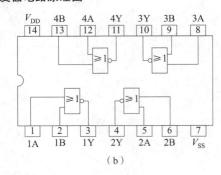

图 5.5.2 集成电路引脚排列图
(a) CD4069；(b) CD4001

（1）没有触发信号时，电路处于一种稳定的状态。

通电后，当电路没有外加触发信号时，设 u_i 为低电平，由于 G_2（非门）通过电阻 R 接 V_{DD}，其输入端为高电平，输出 $u_{o2}=0$。此时或非门的两个输入端全部为 0，其输出 u_{o1} 为高电平，而电容两端没有电压差，无法进行充电，电路处于一种稳定的状态，只要没有外加正脉冲，电路就会一直保持这种稳定状态不变，即 $u_{o1}=1$，$u_{o2}=0$。

（2）外加触发信号，电路由稳态翻转到暂稳态。

如果在输入端 u_i 外加一个大于阈值电压 U_{TH} 的正触发脉冲，G_1 的输出电压 u_{o1} 迅速由高电平跳变为低电平，由于电容 C 两端的电压不能突变，这时 G_2 的输入电压 u_{i2} 也随之跳变为低电平，G_2 截止，输出电压 u_{o2} 跳变为高电平。同时 u_{o2} 反馈到 G_1 的输入端，此后即使 u_i 的触发信号消失，仍可维持 G_1 低电平输出。由于电路的这种状态是不能长久保持的，故将此状态称为暂稳态，暂稳态时 $u_{o1}=0$，$u_{o2}=1$。

（3）电容器 C 充电，电路自动从暂稳态返回稳态。

暂稳态期间，由于 $u_{o1}=0$，电源 V_{DD} 经电阻 R 和 G_1 门内部导通的工作管对电容 C 充电，此时电容器上的电压 $u_C=u_{i2}$ 按指数规律升高，经过 t_W 时间后，u_{i2} 上升到非门 G_2 的阈值电压 U_{TH}，G_2 导通，输出电压 u_{o2} 跳变为低电平，暂稳态结束。此后电容 C 通过电阻 R 和 G_2 门的输入保护回路放电，因 G_2 门内部的输入保护二极管导通，放电速度很快，使电容 C 上的电压很快恢复到初始状态时的 0 V，电路从暂稳态返回到稳态，即 $u_{o1}=1$，$u_{o2}=0$。脉冲宽度为 $0.7RC$。

上述工作过程中单稳态触发器各点电压的工作波形如图 5.5.3 所示。

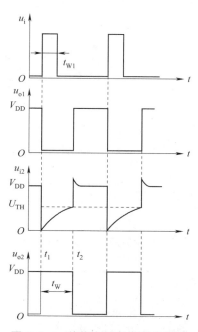

图 5.5.3　单稳态触发器各点波形

四、实验预习要求

（1）复习门电路的使用方法。
（2）复习函数信号发生器的使用方法。
（3）复习双踪示波器的使用方法。

五、实验内容与步骤

（1）按原理图 5.5.1 组装电路，并加入+5 V 的电源电压。
（2）在输入 u_i 端加入 1 kHz 的 TTL 信号，用示波器观测 u_i、u_{o1}、u_{i2}、u_{o2} 各点波形，并绘制于图 5.5.4 中。

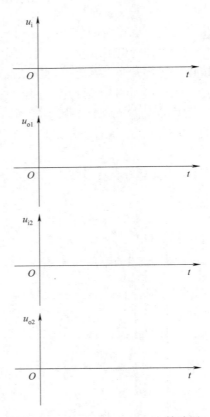

图 5.5.4　u_i、u_{o1}、u_{i2}、u_{o2} 的波形

六、实验总结与思考

（1）记录和整理实验数据，并对数据进行分析。
（2）进行实验总结，按要求完成实验报告。

数电实验五　测评表

姓名		学号		班级		成绩	
任务名称	分值	评分标准				得分	合计
集成电路的使用	15分	（1）集成块引脚识别正确（5分）					
		（2）集成块插放正确（5分）					
		（3）元器件识别正确（5分）					
电路连接	35分	（1）+5 V电源连接正确（5分）					
		（2）门电路使用正确（10分）					
		（3）电路输入输出正确（10分）					
		（4）计数器功能端处理正确（10分）					
电路测量	30分	（1）电路工作正常（15分）					
		（2）仪器仪表使用正确（15分）					
实验台整理	10分	实验结束后关掉电源，整理设备和连线，清理台面，上交器件					
操作规范	10分	操作符合规范					

实验六　集成触发器逻辑功能的测试

一、实验目的

（1）掌握用置位检测法判断集成触发器好坏的方法。

（2）掌握 JK 触发器逻辑功能的测试方法。

（3）掌握用示波法测试时序电路的方法。

二、实验设备

实验设备如表5.6.1所示。

表5.6.1　实验设备

设备名称	型号	数量
数字电路实验箱	THD-1	一台
数字式万用表	UT51	一块
函数信号发生器	SFG-1003	一台
双踪示波器	GDS-1062A	一台

三、实验电路与工作原理

时序电路的特点是电路的输出状态不仅取决于当前的输入状态，还与电路的历史状态有关。

测试时序电路也有以下两种方法。

（1）逻辑电平法。即输入信号由逻辑电平开关控制，CP 接单次触发脉冲，输出接 LED 显示器或逻辑笔，观察电路是否能经历状态转换图所规定的全部转换。

（2）示波器法。即 CP 加入连续脉冲信号，用示波器观察 CP 及输出的波形，对波形进行分析，可判断被测时序电路的功能是否正常。

集成触发器都具有置位端，所以在判断好坏时可用置位检测法，即在置位端加上有效电平，看输出端能否被正常置位。工作时这些置位端必须正确处理。

本实验选用 74HC76 双 JK 触发器，其引脚排列图如图 5.6.1 所示，功能表如表 5.6.2 所示，集成电路的功能表实际上就是此集成块的一份简单的说明书，按它的要求对各端子进行处理。

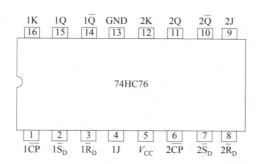

图 5.6.1　74HC76 双 JK 触发器引脚排列图

表 5.6.2　74HC76 功能表

输入					输出	
预置	清除	时钟	J	K	Q^{n+1}	$\overline{Q^{n+1}}$
$\overline{S_D}$	$\overline{R_D}$	CP				
0	1	×	×	×	1	0
1	0	×	×	×	0	1
0	0	×	×	×	不确定	不确定
1	1	↓	0	0	Q^n	$\overline{Q^n}$
1	1	↓	0	1	0	1
1	1	↓	1	0	1	0
1	1	↓	1	1	$\overline{Q^n}$	Q^n
1	1	1	×	×	Q^n	$\overline{Q^n}$

从功能表中可以看出，74HC76 具有清零端和置 1 端，且是低电平有效，而 CP 脉冲是下降沿有效，其特征方程为：

$$Q^{n+1} = J\overline{Q^n} + \overline{K}Q^n$$

用 74HC76 组成的四分频器电路如图 5.6.2 所示，电路的波形如图 5.6.3 所示。

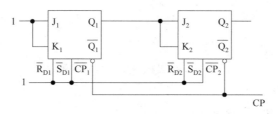

图 5.6.2　分频器电路原理图

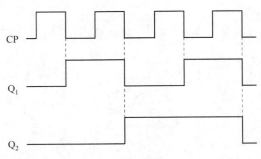

图 5.6.3　分频器电路波形图

四、实验预习要求

（1）复习 JK 触发器的基本理论。

（2）复习函数信号发生器的使用方法。

（3）复习双踪示波器的使用方法。

五、实验内容

（1）检测 $\overline{S}_D$、$\overline{R}_D$ 端的功能。

（2）验证 74HC76 的逻辑功能。

（3）组装如图 5.6.2 所示的分频器，加上 +5 V 工作电源，并在 CP 端加上 1 kHz 的 TTL 信号，用示波器分别观察 CP、Q_1、Q_2 的波形，并绘制于图 5.6.4 中，理解二分频、四分频的概念。

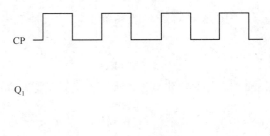

图 5.6.4　CP、Q_1、Q_2 的波形

六、实验总结与思考

（1）记录和整理实验数据，并对数据进行分析。

（2）进行实验总结，按要求完成实验报告。

（3）总结触发器好坏的判断方法。

数电实验六　测评表

姓名		学号		班级		成绩	
任务名称	分值	评分标准				得分	合计
集成电路的使用	15 分	（1）集成块引脚识别正确（10 分）					
		（2）集成块插放正确（5 分）					
电路连接	35 分	（1）+5 V 电源连接正确（5 分）					
		（2）触发器引脚使用正确（10 分）					
		（3）信号输出连接正确（10 分）					
		（4）信号输入连接正确（10 分）					
电路测量	30 分	（1）电路波形正确（15 分）					
		（2）仪器仪表使用正确（15 分）					
实验台整理	10 分	实验结束后关掉电源，整理设备和连线，清理台面，上交器件					
操作规范	10 分	操作符合规范					

实验七　时序电路的设计与调试

一、实验目的

（1）掌握时序电路的设计方法。
（2）掌握时序电路的调试方法。
（3）掌握时序电路的测试方法。

二、实验设备

实验设备如表 5.7.1 所示。

表 5.7.1　实验设备

设备名称	型号	数量
数字电路实验箱	THD-1	一台
数字式万用表	UT51	一块
函数信号发生器	SFG-1003	一台
双踪示波器	GDS-1062A	一台

三、设计内容

用图 5.7.1 所示的 JK 触发器设计一个三分频电路，列出设计过程并画出电路原理图。

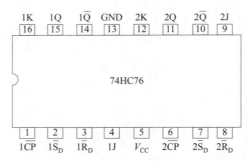

图 5.7.1　74HC76 双 JK 触发器引脚排列图

四、设计步骤

（1）确定触发器的个数。

因 $K=3$，由 $2^{n-1} \leqslant K \leqslant 2^n$ 可得 $n=2$，即采用 2 个 JK 触发器。

（2）根据设计要求，列出状态转换图，如图 5.7.2 所示。

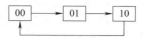

图 5.7.2 三分频电路状态转换图

根据三分频电路的状态转换图，可得到电路的逻辑状态对应关系，如表 5.7.2 所示。

表 5.7.2 三分频电路逻辑状态对应表

现态		次态	
Q_2^n	Q_1^n	Q_2^{n+1}	Q_1^{n+1}
0	0	0	1
0	1	1	0
1	0	0	0

（3）画出卡诺图，如图 5.7.3 所示。

图 5.7.3 三分频电路逻辑状态卡诺图

（a）Q_2^{n+1}；（b）Q_1^{n+1}

（4）根据卡诺图写出逻辑表达式：

$$Q_2^{n+1} = Q_1^n \overline{Q_2^n} \qquad Q_1^{n+1} = \overline{Q_1^n}\ \overline{Q_2^n}$$

由此可得出：

$$J_1 = \overline{Q_2^n} \qquad K_1 = 1$$
$$J_2 = Q_1^n \qquad K_2 = 1$$

（5）画出电路图，如图 5.7.4 所示。

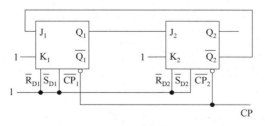

图 5.7.4 三分频电路设计参考电路图

五、实验电路调试

（1）根据设计出来的电路图搭接好电路，其中集成电路选用 74LS76 双 JK 触发器。

（2）在 CP 输入端加入单次脉冲信号，将 Q_1、Q_2 分别接到逻辑电平显示器，逐个输入脉冲信号，观察 Q_1、Q_2 的变化过程，验证设计是否符合要求。将测试结果记录在表 5.7.3 中。

表 5.7.3　三分频电路逻辑状态测试数据记录表

现态		次态	
Q_2^n	Q_1^n	Q_2^{n+1}	Q_1^{n+1}
0	0		
0	1		
1	0		

（3）在 CP 输入端加入 1 kHz 脉冲信号，用示波器观察 CP、Q_1、Q_2 对应的波形，并绘制于图 5.7.5 中。

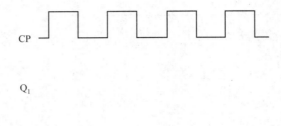

图 5.7.5　CP、Q_1、Q_2 的波形

六、实验总结与思考

（1）记录和整理实验数据，并对数据进行分析。

（2）进行实验总结，按要求完成实验报告。

数电实验七 测评表

姓名		学号		班级		成绩	
任务名称	分值	评分标准				得分	合计
集成电路的使用	15分	（1）集成块引脚识别正确（10分）					
		（2）集成块插放正确（5分）					
电路连接	35分	（1）+5 V电源连接正确（5分）					
		（2）触发器引脚使用正确（10分）					
		（3）信号输出连接正确（10分）					
		（4）信号输入连接正确（10分）					
电路测量	30分	（1）电路波形正确（15分）					
		（2）仪器仪表使用正确（15分）					
实验台整理	10分	实验结束后关掉电源，整理设备和连线，清理台面，上交器件					
操作规范	10分	操作符合规范					

实验八　时间优先鉴别电路的测试

一、实验目的

（1）学习组装一种用触发器鉴别时间的方法。

（2）学会分析抢答器的工作原理。

二、实验仪器设备

实验仪器设备如表 5.8.1 所示。

表 5.8.1　实验仪器设备

设备名称	型号	数量
数字式万用表	UT51	一块
数字电路实验箱	THD-1	一台

三、实验电路与工作原理

在自动控制中，常存在这样的问题：当多个用户申请同一项服务时，如果用户没有优先级约定，则服务设备应该响应最先提出申请的用户。时间优先鉴别电路正是用来判断谁是第一个提出申请的用户的电路。

如图 5.8.1 所示为由 4 个 JK 触发器组成的第一信号鉴别电路，用以判别 $S_0 \sim S_3$ 抢答按键送入的 4 个信号中，哪一个信号最先到达。

开始工作前，先按复位开关 S_{RD} 置 0 一次，使 $FF_0 \sim FF_3$ 都被清零，$Q_0 \sim Q_3$ 输出低电平，发光二极管 $LED_0 \sim LED_3$ 不发光，而 $\overline{Q}_0 \sim \overline{Q}_3$ 都输出高电平 1。这时，G_1 输入都为高电平 1，G_2 输出为 1，$FF_0 \sim FF_3$ 的 J＝K＝1，这 4 个触发器处于接收输入信号状态。在 $S_0 \sim S_3$ 这 4 个开关中，如果 S_3 第一个按下时，则 FF_3 首先由 0 状态翻转到 1 状态，$\overline{Q}_3 = 0$，一方面使发光二极管 LED_3 发光，同时使 G_2 输出为 0，这时 $FF_0 \sim FF_3$ 的 J 和 K 都为低电平 0，都执行保持功能。因此，在 S_3 按下后，其他三个开关 $S_0 \sim S_2$ 中任意一个按下时，$FF_0 \sim FF_2$ 的状态都不会改变，仍为 0 状态，发光二极管 $LED_0 \sim LED_2$ 也不会亮，所以，根据发光二极管的亮灭，就可以判断出开关 S_3 是第一个按下的，即第一个抢答成功的。如果要重复进行第一信号判别时，则在每次进行判别前应先按复位开关 S_{RD}，使 $FF_0 \sim FF_3$ 处于接收状态。图中电路又称作抢答器。实际抢答器可有多路抢答者，为简单起见，图 5.8.1 只画出了四路抢答输入。电路所采用的集成电路如图 5.8.2 所示。

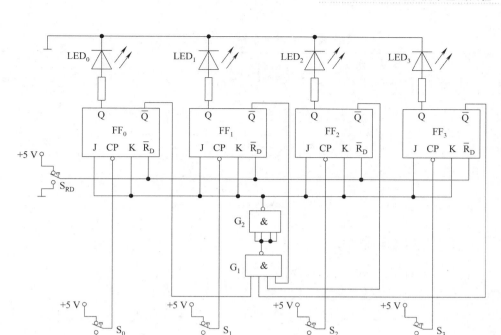

图 5.8.1 抢答器电路原理图

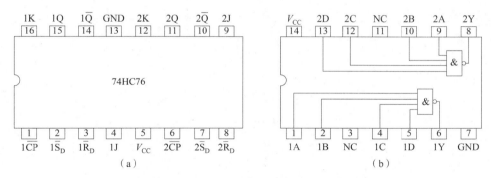

图 5.8.2 74HC76 和 74LS20 引脚排列图

（a）74HC76；（b）74LS20

四、实验预习要求

复习 JK 触发器的使用方法。

五、实验内容与步骤

（1）按图 5.8.1 组装抢答器电路，连接正确后加入+5 V 工作电源。

（2）将 S_{RD} 开关接低电平一次，使电路清零，观察电路的输出情况，将测试结果记录在表 5.8.2 中。

（3）将 S_{RD} 开关保持高电平，再拨动 $S_0 \sim S_3$ 抢答开关，根据 LED 的亮暗情况，验证电路的抢答、锁定功能。将测试结果记录在表 5.8.2 中。

表 5.8.2 抢答器电路功能测试记录表

开关状态					输出			
S_{RD}	S_0	S_1	S_2	S_3	Q_0	Q_1	Q_2	Q_3
0								
1	0							
		0						
			0					
				0				

注：表中为 0 的项，表示最先按下的开关。每次抢答前，需要先清零再抢答。

六、实验总结与思考

（1）记录和整理实验数据，并对数据进行分析。

（2）进行实验总结，按要求完成实验报告。

（3）若流过 LED 发光二极管的电流取 5 mA，根据其导通电压值，计算和选择限流电阻的大小。

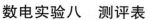

数电实验八 测评表

姓名		学号		班级		成绩	
任务名称	分值	评分标准				得分	合计
集成电路的使用	15分	（1）集成块引脚识别正确（10分）					
		（2）集成块插放正确（5分）					
电路连接	35分	（1）+5 V电源连接正确（5分）					
		（2）触发器引脚使用正确（10分）					
		（3）信号输入输出正确（10分）					
		（4）功能端处理正确（10分）					
电路测量	30分	（1）电路工作正常（20分）					
		（2）仪器仪表使用正确（10分）					
实验台整理	10分	实验结束后关掉电源，整理设备和连线，清理台面，上交器件					
操作规范	10分	操作符合规范					

实验九　移位寄存器的测试

一、实验目的

（1）掌握移位寄存器 74LS194 的逻辑功能；
（2）了解循环移位的工作原理。

二、实验仪器设备

实验仪器设备如表 5.9.1 所示。

表 5.9.1　实验仪器设备

设备名称	型号	数量
数字式万用表	UT51	一块
数字电路实验箱	THD-1	一台

三、实验电路与工作原理

移位寄存器是一个具有移位功能的寄存器，是指寄存器中所存的代码能够在移位脉冲的作用下依次左移或右移。既能左移又能右移的寄存器称为双向移位寄存器，只需要改变左、右移的控制信号便可实现双向移位要求。根据移位寄存器存取信息的方式不同分为串行输入串行输出、串行输入并行输出、并行输入串行输出、并行输入并行输出四种形式。

本实验选用的 4 位双向通用移位寄存器，型号为 74LS194，其引脚排列如图 5.9.1 所示。

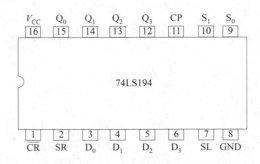

图 5.9.1　74LS194 引脚排列图

其中 D_0、D_1、D_2、D_3 为并行输入端；Q_0、Q_1、Q_2、Q_3 为并行输出端；SR 为右移串行输入端，SL 为左移串行输入端；S_1、S_0 为操作模式控制端；$\overline{CR}$ 为直接无条件清零端；CP 为时钟脉冲输入端。

74LS194 有 5 种不同操作模式，即并行送数寄存、右移（方向由 $Q_0 \rightarrow Q_3$）、左移（方向由 $Q_3 \rightarrow Q_0$）、保持及清零。

S_1、S_0 和 CP 端的控制作用如表 5.9.2 所示。

表 5.9.2　74LS194 功能表

功能	输入									输出			
	CP	$\overline{CR}$	S_1	S_0	SR	SL	D_0	D_1	D_2	D_3	Q_0	Q_1	Q_2	Q_3
清除	×	0	×	×	×	×	×	×	×	×	0	0	0	0
送数	↑	1	1	1	×	×	a	b	c	d	a	b	c	d
右移	↑	1	0	1	D_{SR}	×	×	×	×	×	D_{SR}	Q_0^n	Q_1^n	Q_2^n
左移	↑	1	1	0	×	D_{SL}	×	×	×	×	Q_1^n	Q_2^n	Q_3^n	D_{SL}
保持	↑	1	0	0	×	×	×	×	×	×	Q_0^n	Q_1^n	Q_2^n	Q_3^n
保持	↓	1	×	×	×	×	×	×	×	×	Q_0^n	Q_1^n	Q_2^n	Q_3^n

移位寄存器应用很广，可构成移位寄存器型计数器、顺序脉冲发生器、串行累加器；可用作数据转换，即把串行数据转换为并行数据，或把并行数据转换为串行数据等。

把移位寄存器的输出反馈到它的串行输入端，就可以进行循环移位，如图 5.9.2 所示，把输出端 Q_3 和右移串行输入端 SR 相连接，设初始状态 $Q_0Q_1Q_2Q_3 = 0001$，则在时钟脉冲作用下 $Q_0Q_1Q_2Q_3$ 将依次变为 0100→0010→0100→1000→……，可见它是一个具有 4 个有效状态的计数器，这种类型的计数器通常称为环形计数器。图 5.9.2 电路可以由各个输出端输出在时间上有先后顺序的脉冲，因此也可作为顺序脉冲发生器。

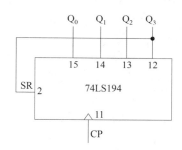

图 5.9.2　74LS194 右移循环计数

如果将输出 Q_0 与左移串行输入端 SL 相连接，即可实现左移循环移位功能。

四、实验预习要求

（1）预习移位寄存器的使用方法。
（2）画出循环左移的电路并设计出记录表格。

五、实验内容与步骤

1. 测试 74LS194 的逻辑功能

将 74LS194 接入 +5 V 工作电源，$\overline{CR}$、S_0、S_1、SR、SL、D_0、D_1、D_2、D_3 分别接至逻辑开关的输出插口；Q_0、Q_1、Q_2、Q_3 接至逻辑电平显示输入插口；CP 端接单次脉冲源。按表 5.9.3 所规定的输入状态，逐项进行测试。将测试结果记入表 5.9.3 中。

（1）清零：令 $\overline{CR}=0$，其他输入均为任意态，这时寄存器的输出 Q_0、Q_1、Q_2、Q_3 应均为 0。清零后，置 $\overline{CR}=1$。

（2）送数：令 $\overline{CR}=S_0=S_1$，送入任意 4 位二进制数，如 $D_0D_1D_2D_3=abcd$，加入 CP 脉冲，观察 CP=0、CP 由 0→1、CP 由 1→0 三种情况下寄存器输出状态的变化，观察寄存器输出状态变化是否发生在 CP 脉冲的上升沿。

（3）右移：清零后，令 $\overline{CR}=1$、$S_1=0$、$S_0=1$，由右移输入端 SR 送入二进制数码如 0100，由 CP 端连续加 4 个脉冲，观察输出情况并做好记录。

（4）左移：先清零或预置，再令 $\overline{CR}=1$、$S_1=1$、$S_0=0$，由左移输入端 SL 送入二进制数码如 1111，连续加 4 个 CP 脉冲，观察输出端情况并记录。

（5）保持：寄存器预置任意 4 位二进制数码 abcd，令 $\overline{CR}=1$、$S_1=S_0=0$，加 CP 脉冲，观察寄存器输出状态并记录。

表 5.9.3　74LS194 功能测试记录表

清零	模式		时钟	串行		输入	输出	功能总结
$\overline{CR}$	S_1	S_0	CP	SL	SR	$D_0\ D_1\ D_2\ D_3$	$Q_0\ Q_1\ Q_2\ Q_3$	
0	×	×	×	×	×	××××		
1	1	1	↑	×	×	a b c d		
1	0	1	↑	×	0	××××		
1	0	1	↑	×	1	××××		
1	0	1	↑	×	0	××××		
1	0	1	↑	×	0	××××		
1	1	0	↑	1	×	××××		
1	1	0	↑	1	×	××××		
1	1	0	↑	1	×	××××		
1	1	0	↑	1	×	××××		
1	0	0	↑	×	×	××××		

2. 循环移位

（1）右移循环。将实验内容 1 中 SR 控制开关断开，并将其与 Q_3 输出端直接连接，如图 5.9.2 所示。用并行送数法预置寄存器为某二进制数码（如 0100），然后使 $S_1=0$、$S_0=1$，进行右移循环，观察寄存器输出端状态的变化，记入表 5.9.4 中。

表 5.9.4　右移循环移位记录表

CP	Q_0	Q_1	Q_2	Q_3
0	0	1	0	0
1				
2				
3				
4				

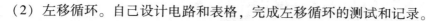

（2）左移循环。自己设计电路和表格，完成左移循环的测试和记录。

六、实验总结与思考

（1）记录和整理实验数据，并对数据进行分析。

（2）进行实验总结，按要求完成实验报告。

数电实验九　测评表

姓名		学号		班级		成绩	
任务名称	分值	评分标准				得分	合计
集成电路的使用	15 分	（1）集成块引脚识别正确（10 分）					
		（2）集成块插放正确（5 分）					
电路连接	35 分	（1）+5 V 电源连接正确（5 分）					
		（2）寄存器引脚使用正确（10 分）					
		（3）功能端控制正确（10 分）					
		（4）功能测试正确（10 分）					
电路测量	30 分	（1）电路工作正常（20 分）					
		（2）仪器仪表使用正确（10 分）					
实验台整理	10 分	实验结束后关掉电源，整理设备和连线，清理台面，上交器件					
操作规范	10 分	操作符合规范					

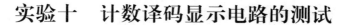

实验十　计数译码显示电路的测试

一、实验目的

（1）掌握计数电路的安装与调试的方法。
（2）了解计数、译码、显示电路的工作原理。
（3）掌握计数器 74LS90、译码器 CD4511 的功能和使用方法。

二、实验仪器设备

实验仪器设备如表 5.10.1 所示。

表 5.10.1　实验仪器设备

设备名称	型号	数量
数字式万用表	UT51	一块
数字电路实验箱	THD-1	一台
函数信号发生器	SFG-1003	一台

三、实验电路与工作原理

计数译码显示电路是由计数器、译码器和显示器三部分构成的。

1. 计数器

计数器是典型的时序电路，它用来累计和记忆输入脉冲的个数。计数是数字系统中非常重要的基本操作，所以也是应用最广泛的逻辑部件之一。

74LS90 是异步二-五-十进制计数器，其引脚排列图如图 5.10.1 所示。复零端 R_{0A}、R_{0B}，置 "9" 端 S_{9A}、S_{9B} 都是高电平有效；CP 为下降沿有效。

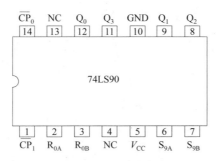

图 5.10.1　74LS90 引脚排列图

将计数脉冲由 $\overline{CP_0}$ 输入，Q_0 作为输出，构成二进制计数器；

将计数脉冲由 $\overline{CP_1}$ 输入，Q_3、Q_2、Q_1 作为输出，构成五进制计数器；

将计数脉冲由 $\overline{CP_0}$ 输入，输出 Q_0 与输入 $\overline{CP_1}$ 相连，$Q_3 \sim Q_0$ 为输出，则构成 8421 码的十进制计数器，如图 5.10.2 所示。

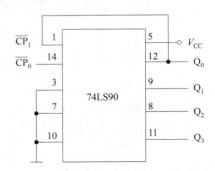

图 5.10.2　由 74LS90 构成十进制计数器

74LS90 功能表如表 5.10.2 所示。

表 5.10.2　74LS90 功能表

$\overline{CP}$	R_{0A}	R_{0B}	S_{9A}	S_{9B}	Q_3	Q_2	Q_1	Q_0
×	1	1	0	×	0	0	0	0
×	1	1	×	0	0	0	0	0
×	0	×	1	1	1	0	0	1
×	×	0	1	1	1	0	0	1
↓	×	0	×	0	计数			
↓	0	×	0	×	计数			
↓	0	×	×	0	计数			
↓	×	0	0	×	计数			

2. 译码器

这里所说的译码器是将二进制数转换成十进制数的器件，CD4511（共阴）是 BCD 码锁存/七段译码/驱动器，其引脚排列图如图 5.10.3 所示。

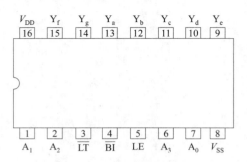

图 5.10.3　CD4511 引脚排列图

A_0、A_1、A_2、A_3 为 BCD 码输入端；

Y_a、Y_b、Y_c、Y_d、Y_e、Y_f、Y_g 为译码输出端。输出"1"有效，用来驱动共阴极 LED

数码管。

$\overline{\mathrm{LT}}$：测试输入端。$\overline{\mathrm{LT}}=0$ 时，译码输出全为"1"。

$\overline{\mathrm{BI}}$：消隐输入端。$\overline{\mathrm{BI}}=0$ 时，译码输出全为"0"。

LE：锁定端。LE=1 时，译码器处于锁定状态。LE=0 为正常译码。

CD4511 内部接有上拉电阻，故只要在输出端与数码管笔段之间串入限流电阻即可工作。译码器还有拒伪码功能，当输入码超过 1001 时，输出全为"0"，数码管熄灭。

CD4511 功能表如表 5.10.3 所示。

表 5.10.3 CD4511 功能表

输入							输出							显示字形
LE	$\overline{\mathrm{BI}}$	$\overline{\mathrm{LT}}$	D	C	B	A	a	b	c	d	e	f	g	
×	×	0	×	×	×	×	1	1	1	1	1	1	1	8
×	0	1	×	×	×	×	0	0	0	0	0	0	0	消隐
0	1	1	0	0	0	0	1	1	1	1	1	1	0	0
0	1	1	0	0	0	1	0	1	1	0	0	0	0	1
0	1	1	0	0	1	0	1	1	0	1	1	0	1	2
0	1	1	0	0	1	1	1	1	1	1	0	0	1	3
0	1	1	0	1	0	0	0	1	1	0	0	1	1	4
0	1	1	0	1	0	1	1	0	1	1	0	1	1	5
0	1	1	0	1	1	0	0	0	1	1	1	1	1	6
0	1	1	0	1	1	1	1	1	1	0	0	0	0	7
0	1	1	1	0	0	0	1	1	1	1	1	1	1	8
0	1	1	1	0	0	1	1	1	1	0	0	1	1	9
0	1	1	1	0	1	0	0	0	0	0	0	0	0	消隐
0	1	1	1	0	1	1	0	0	0	0	0	0	0	消隐
0	1	1	1	1	0	0	0	0	0	0	0	0	0	消隐
0	1	1	1	1	0	1	0	0	0	0	0	0	0	消隐
0	1	1	1	1	1	0	0	0	0	0	0	0	0	消隐
0	1	1	1	1	1	1	0	0	0	0	0	0	0	消隐
1	1	1	×	×	×	×	锁存							锁存

3. LED 数码管

一个 LED 数码管可用来显示一位 0~9 十进制数和一个小数点。小型数码管（0.5 英寸和 0.36 英寸，1 英寸 = 2.54 厘米）每段发光二相管的正向压降，随显示光（通常为红、绿、黄、橙色）的颜色不同略有差别，通常为 2~2.5 V，每个发光二极管的点亮电流在 5~10 mA。LED 数码管要显示 BCD 码所表示的十进制数字就需要有一个专门的译码器，该译码器不仅要完成译码功能，还要有相当的驱动能力。

LED 数码管（七段显示器）有共阳极接法和共阴极两种：共阳极接法就是把发光二极管的所有阳极都连在一起接高电平，外接信号从阴极输入，如图 5.10.4（a）所示；共阴极接法则是将所有二极管的阴极连在一起并接地，外接信号从阳极输入，如图 5.10.4（b）所示。如本实验用的 LSD05011 就是共阴极七段显示器。需要注意的是，在使用七段显示器时必须串入限流电阻，避免烧坏二极管。

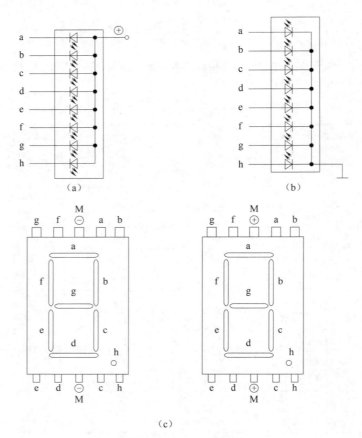

（c）

图 5.10.4 LED 数码管

（a）共阳极连接；（b）共阴极连接；（c）LED 数码管符号及引脚功能

四、实验预习要求

（1）预习计数器、译码器、显示器的使用方法。

（2）复习函数信号发生器的使用方法。

五、实验内容与步骤

（1）按图 5.10.5 组装 100 进制计数译码显示电路（见图 5.10.6），加上 +5 V 工作电源。

（2）用函数信号发生器向电路输入 1 Hz 的 TTL 脉冲信号，观察电路的计数、译码、显示过程。

（3）去掉图 5.10.5 电路的高位，只保留低位。将 1 Hz 的 TTL 脉冲信号计数脉冲由 $\overline{CP_0}$ 输入，Q_0 接译码器的 A 输入端，Q_3、Q_2、Q_1 不接，验证二进制计数器的功能。

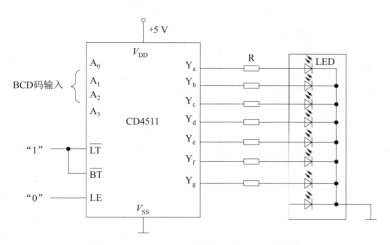

图 5.10.5　CD4511 驱动一位 LED 数码

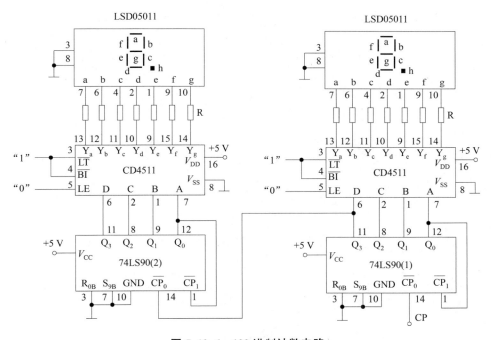

图 5.10.6　100 进制计数电路

（4）去掉图 5.10.5 电路的高位，只保留低位。将计数脉冲由 $\overline{CP}_1$ 输入，Q_3、Q_2、Q_1 作为输出，且 Q_3 接译码器的 C 输入端、Q_2 接译码器的 B 输入端、Q_1 接译码器的 A 输入端，Q_0 不接线，验证五进制计数器的功能。

六、实验数据记录

（1）100 进制计数电路输出显示结果：

（2）二进制计数电路输出显示结果：

（3）五进制计数电路输出显示结果：

七、实验总结与思考

（1）进行实验总结，按要求完成实验报告。

（2）如果要将 100 进制电路更改为六十进制，应该怎么处理？

数电实验十 测评表

姓名		学号		班级		成绩	
任务名称	分值	评分标准				得分	合计
集成电路的使用	15 分	（1）集成块引脚识别正确（10 分）					
		（2）集成块插放正确（5 分）					
电路连接	35 分	（1）+5 V 电源连接正确（5 分）					
		（2）计数器引脚使用正确（10 分）					
		（3）计数器输入输出正确（10 分）					
		（4）计数器功能端处理正确（10 分）					
电路测量	30 分	（1）电路工作正常（15 分）					
		（2）仪器仪表使用正确（15 分）					
实验台整理	10 分	实验结束后关掉电源，整理设备和连线，清理台面，上交器件					
操作规范	10 分	操作符合规范					

实验十一　电子秒表电路的测试

一、实验目的

（1）学习数字电路中分频器、时钟发生器及计数、译码、显示等电路的综合应用。

（2）学习电子秒表的调试方法。

（3）掌握 555 时基电路的基本应用。

二、实验设备

实验设备如表 5.11.1 所示。

表 5.11.1　实验设备

设备名称	型号	数量
数字式万用表	UT51	一块
数字电路实验箱	THD-1	一台
双踪示波器	GDS-1062A	一台

三、实验电路及工作原理

电子秒表电路原理图如图 5.11.1 所示，其中 74LS90 集成块的引脚排列图如图 5.11.2 所示。

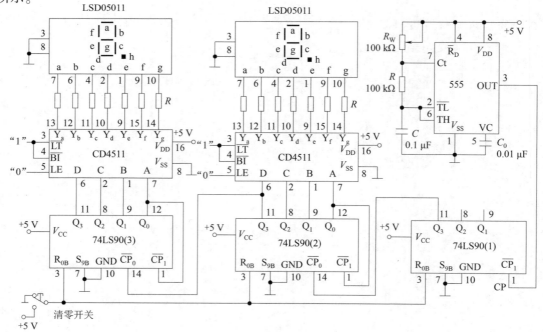

图 5.11.1　电子秒表电路原理图

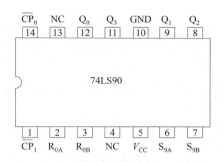

图 5.11.2　74LS90 集成块的引脚排列图

1. 555 组成的时钟发生器

555 电路的内部电路方框图如图 5.11.3 所示。它含有两个电压比较器，一个基本 RS 触发器，一个放电开关管 T。A_1 为高电平比较器、A_2 为低电平比较器，比较器的参考电压由 3 只 5 kΩ 的电阻器构成的分压器提供，它们分别使 A_1 的同相输入端和 A_2 的反相输入端的参考电平为 $\frac{2}{3}V_{CC}$ 和 $\frac{1}{3}V_{CC}$，A_1 与 A_2 的输出端控制 RS 触发器状态和放电管开关状态。当输入信号自 6 脚，即高电平触发输入并超过参考电平 $\frac{2}{3}V_{CC}$ 时，触发器复位，555 的输出端 3 脚输出低电平，同时放电开关管导通；当输入信号自 2 脚输入并低于 $\frac{1}{3}V_{CC}$ 时，触发器置位，555 的 3 脚输出高电平，同时放电开关管截止。

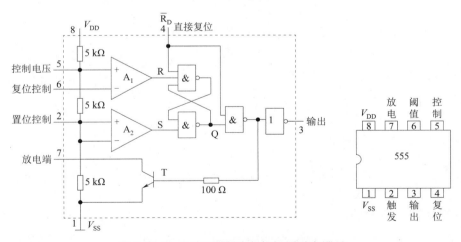

图 5.11.3　555 定时器内部框图及引脚排列

$\overline{R}_D$ 是直接复位端（4 脚），当 $\overline{R}_D = 0$ 时，555 输出低电平。平时 $\overline{R}_D$ 端开路或接 V_{CC}。

VC 是控制电压端（5 脚），平时输出 $\frac{2}{3}V_{CC}$ 作为比较器 A_1 的参考电平，当 5 脚外接一个输入电压，即改变了比较器的参考电平，从而实现对输出的另一种控制，在不接外加电压时，通常接一个 0.01 μF 的电容器到地，起滤波作用，以消除外来的干扰，确保参考电平的稳定。

T 为放电开关管，当 T 导通时，将给接于 7 脚的电容器提供低阻放电通路。

555 定时器主要是与电阻、电容构成充放电电路，并由两个比较器来检测电容器上的电压，以确定输出电压的高低和放电开关管的通断。这就很方便地构成从微秒到数十分钟的延时电路，可方便地构成单稳态触发器、多谐振荡器、施密特触发器等脉冲产生或波形变换电路。

用 555 定时器构成的多谐振荡器，是一种性能较好的时钟源，其电路如图 5.11.4 所示。由 555 定时器和外接元件 R_1、R_2、C 构成多谐振荡器，2 脚与 6 脚直接相连。电路没有稳态，仅存在两个暂稳态，电路亦不需要外加触发信号，利用电源通过 R_1、R_2 向 C 充电，电容上的电压按指数规律上升，当其电压 u_C 上升至 $\frac{2}{3}V_{CC}$ 时，比较器 A_1 的输出翻转，输出电压 u_o 为低电平电压，同时放电开关管 T 导通，电容 C 通过 R_2 向放电端 Ct 放电，当电容电压 u_C 下降至 $\frac{1}{3}V_{CC}$ 时，比较器 A_2 工作，输出电压 u_o 变为高电平，电容 C 放电终止。电容 C 在 $\frac{1}{3}V_{CC}$ 和 $\frac{2}{3}V_{CC}$ 之间不断充电和放电，如此反复，使电路产生振荡，在输出端便得到周期性的矩形波。

电容放电所需时间为：$T_{W1} \approx 0.7R_2C$；

电容充电所需时间为：$T_{W2} \approx 0.7(R_1+R_2)C$；

电路输出矩形波的周期为：$T = T_{W1}+T_{W2} = 0.7(R_1+2R_2)C$。

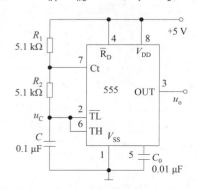

图 5.11.4　由 555 组成的多谐振荡器电路

2. 计数译码显示电路

计数器（1）接成五进制，对频率为 50 Hz 的时钟脉冲进行五分频，在输出端 Q_3 得到周期为 0.1 s 的矩形脉冲，作为计数器（2）的时钟输入。

计数器（2）和计数器（3）接成 8421 码十进制形式，其输出端与数字电路实验箱上的译码显示单元的相应输入端连接，可显示 0.1~0.9 s、1~9.9 s 计时。

四、实验预习要求

（1）复习计数译码显示电路的使用方法。

（2）预习 555 时基电路的理论基础及其应用。

五、实验内容与步骤

（1）组装时钟发生器电路，用示波器观察输出电压 u_o、u_C 波形，并记录于图 5.11.5 中。调节 R_W，使 u_o 的波形频率为 50 Hz。

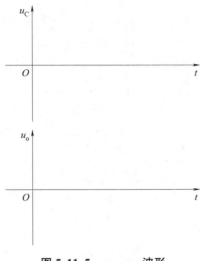

图 5.11.5　u_o、u_C 波形

（2）组装分频器电路，并把时钟发生器的输出信号接到 74LS90（1）的 $\overline{CP_1}$ 端，同时把其输出 Q_3 接到 0—1 显示器，观察灯亮灭的频率。

（3）计数器（2）和计数器（3）接成 8421 码十进制形式，测试它的逻辑功能。

（4）电子秒表的整体调试。各单元电路测试正常后，按图 5.11.1 把几个单元电路连接起来，进行电子秒表的整体测试。当把清零开关打到"1"电平时，电路清零，再打到"0"电平时，电路开始计时。

六、实验总结与思考

进行实验总结，按要求完成实验报告。

数电实验十一　测评表

姓名		学号		班级		成绩	
任务名称	分值	评分标准				得分	合计
集成电路的使用	15 分	（1）集成块引脚识别正确（10 分）					
		（2）集成块插放正确（5 分）					
电路连接	40 分	（1）+5 V 电源连接正确（5 分）					
		（2）计数器电路正确（15 分）					
		（3）555 时基电路正确（15 分）					
		（4）计数器功能端处理正确（5 分）					
电路测量	25 分	（1）电路工作正常（15 分）					
		（2）仪器仪表使用正确（10 分）					
实验台整理	10 分	实验结束后关掉电源，整理设备和连线，清理台面，上交器件					
操作规范	10 分	操作符合规范					

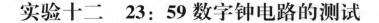

实验十二　23：59 数字钟电路的测试

一、实验目的

（1）了解 23：59 数字钟的工作原理。

（2）掌握数字钟电路的调试方法。

二、实验设备

实验设备如表 5.12.1 所示。

表 5.12.1　实验仪器设备

设备名称	型号	数量
数字式万用表	UT51	一块
数字电路实验箱	THD-1	一台
函数信号发生器	SFG-1003	一台

三、实验电路与工作原理

74LS193 芯片是同步四位二进制可逆计数器，它具有双时钟输入，并具有同步计数、异步清零和异步置数等功能，其引脚排列图如图 5.12.1 所示。

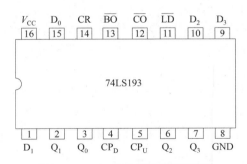

图 5.12.1　74LS193 引脚排列图

74LS193 的逻辑功能表如表 5.12.2 所示。

表 5.12.2　74LS193 的逻辑功能表

清零	预置	时钟		预置数据输入				输出			
CR	$\overline{\text{LD}}$	CP_U	CP_D	D_0	D_1	D_2	D_3	Q_0	Q_1	Q_2	Q_3
1	×	×	×	×	×	×	×	0	0	0	0
0	0	×	×	D_0	D_1	D_2	D_3	D_0	D_1	D_2	D_3

续表

清零	预置	时钟		预置数据输入				输出			
CR	$\overline{\text{LD}}$	CP_U	CP_D	D_0	D_1	D_2	D_3	Q_0	Q_1	Q_2	Q_3
0	1	⤒	1	×	×	×	×	加计数			
0	1	1	⤒	×	×	×	×	减计数			

74LS193 的清零是异步的。当清零端 CR 为高电平时，不管时钟脉冲端（CP_D、CP_U）状态如何，即可完成清零功能。

74LS193 的预置是异步的。当置入控制端 $\overline{\text{LD}}$ 为低电平时，不管时钟的状态如何，输出端（$Q_0 \sim Q_3$）即可预置成与数据输入端（$D_0 \sim D_3$）相一致的状态。

74LS193 的计数是同步的，靠 CP_D、CP_U 同时加在 4 个触发器上而实现。在 CP_D 或 CP_U 上升沿的作用下 $Q_0 \sim Q_3$ 同时变化；CP_U 为加法计数脉冲输入端，CP_D 为减法计数脉冲输入端。当 CP_U 接时钟脉冲、CP_D 接高电平时，计数器实现加法计数，而当 CP_D 接时钟脉冲、CP_U 接高电平时，计数器实现减法计数。

当加法计数出现进位时，进位信号输出端 $\overline{\text{CO}}$ 输出一个低电平脉冲，其宽度为 CP_U 低电平部分的低电平脉冲；当执行减法计数产生借位时，借位输出端 $\overline{\text{BO}}$ 输出一个低电平脉冲，其宽度为 CP_D 低电平部分的低电平脉冲。

当把 $\overline{\text{BO}}$ 和 $\overline{\text{CO}}$ 分别连接后一级的 CP_D、CP_U，即可进行级联。

图 5.12.2 是 23∶59 数字钟电路原理图。在电路中，利用 74LS193 的清零功能实现不同进制的控制。电路都采取加法计数，当分钟低位从 0~9 计数时，74LS193 的清零端（CR）始终为低电平信号，计数正常进行加计数，显示器会同步显示 0~9；当计数到 10 时，通过与非门的作用，清零端（CR）会得到一个高电平信号，此时 74LS193 对电路进行清零。因为清零过程会在极短的时间内完成，所以计数器虽然已经计到了 10，但是在显示器上却不能看到 10 这个数字的显示，其最大显示值为 9。

分钟高位的显示范围为 0~5，选择 6 来完成计数清零。

小时部分则分两种情况：一是当小时的最高位为 0 和 1 时，时低位的显示范围是 0~9，当时低位计数到 10 时，只完成本位清零；但当时高位为 2 时，一旦计数到 24，将小时的高位和低位同时清零。

整个电路的显示范围为 00∶00~23∶59。

四、实验预习要求

（1）预习计数器 74LS193、译码器、显示器的使用方法。

（2）复习函数信号发生器的使用方法。

（3）预习数字钟电路的工作原理。

五、实验内容与步骤

（1）按图 5.12.2 组装计数译码显示电路，并加入 +5 V 工作电源。

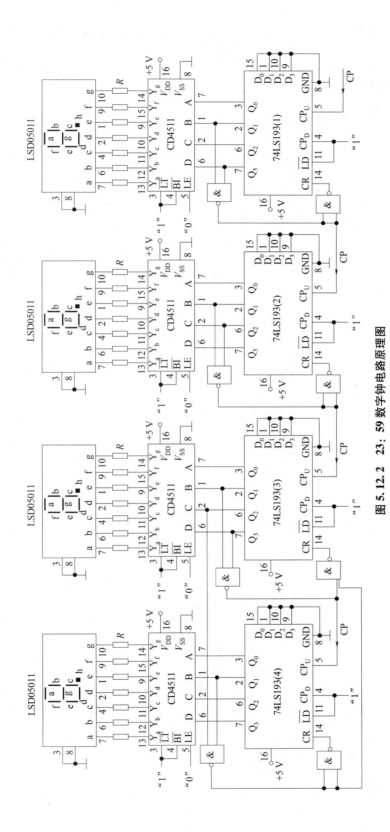

图 5.12.2　23：59 数字钟电路原理图

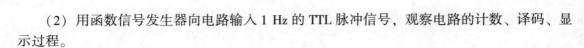

（2）用函数信号发生器向电路输入 1 Hz 的 TTL 脉冲信号，观察电路的计数、译码、显示过程。

六、实验总结与思考

进行实验总结，按要求完成实验报告。

数电实验十二   测评表

姓名		学号		班级		成绩	
任务名称	分值	评分标准			得分	合计	
集成电路的使用	15分	（1）集成块引脚识别正确（10分）					
		（2）集成块插放正确（5分）					
电路连接	40分	（1）+5 V电源连接正确（5分）					
		（2）计数器电路正确（15分）					
		（3）门电路连接正确（15分）					
		（4）计数器功能端处理正确（5分）					
电路测量	25分	（1）电路工作正常（15分）					
		（2）仪器仪表使用正确（10分）					
实验台整理	10分	实验结束后关掉电源，整理设备和连线，清理台面，上交器件					
操作规范	10分	操作符合规范					

综 合 篇

项目六

电子技术综合实训

项目导入

开关电源和数字钟电路是两个在工作和生活中比较常见的实际应用，本项目通过对这两个电路的学习，引导大家逐步完成相应电路的安装、调试、故障检测、设计等过程，将理论知识和实际运用有机结合，提升大家对理论知识的综合应用能力、提高实践操作技能。

中国的电子行业从无到有发展到今天，已经在制造业中占据了重要地位，成为支撑经济增长的重要领域。主要电子产品如手机、电视、电脑和半导体的产量和销售额都有较大的增长；在人工智能、物联网、5G 等领域取得了多项技术突破；在半导体领域，中国的技术研究取得了多项进展，缩小了与国际先进水平的差距。当代大学生，要主动承担起科技兴国的重任，努力学习，大胆创新，为国家的科技进步贡献力量。

综合实训一　开关电源的安装与调试

一、实训要求

安装制作一个开关电源电路，使电路通过变压、整流、滤波、稳压过程，将输入的 220 V 交流电压转变成输出直流电压，要求按产品生产标准完成该电路的组装与调试，实现该产品的基本功能，满足相应的技术指标。

二、实训目的

（1）了解开关电源系统的组成及工作原理。

（2）掌握开关电源所用元器件及其作用。

（3）能从实际电路图中识读整流、滤波、稳压电路，学会合理选用整流电路、滤波电路的元器件参数。

（4）能按电路图安装、制作和调试开关电源。

（5）能对开关电源电路的典型故障进行分析、判断和处理。

三、实训电路及其工作原理

开关电源电路原理图如图 6.1.1 所示。电路由 4 个部分组成：变压器组成电源降压电路；$D_1 \sim D_4$ 组成桥式整流电路；电容 C_1、C_2 组成电源滤波电路；MC34063、VT_1、L_1、D_5、R_1、R_2、R_3、R_W、C_3、C_4、C_5 组成稳压电路。

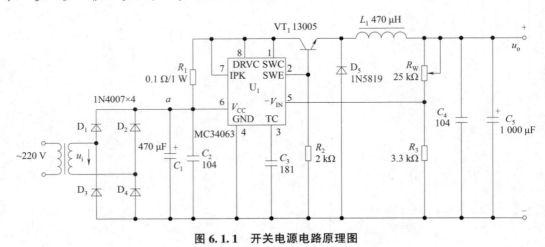

图 6.1.1　开关电源电路原理图

1. 电路组成

220 V 交流电经过变压器降压，通过整流（桥式）将交流电转变为脉动的直流电，然后由滤波电路将脉动的直流电转变为较平滑的直流电，最后通过稳压电路的作用，将平滑的直流电转变为稳定的直流电输出。开关电源组成框图如图 6.1.2 所示。

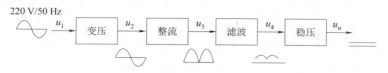

图 6.1.2 开关电源组成框图

2. 稳压原理

这里主要介绍稳压电路的工作原理。

（1）MC34063。

MC34063 是采用 DC-DC 转换器基本功能的单片集成控制电路。该器件的内部组成包括带温度补偿的参考电压、比较器、带限流电路的占空比控制振荡器、驱动器、大电流输出开关。该器件专用于降压、升压以及电压极性反转场合，可以减少外部元件的使用数量。3 脚外接定时电容，与内部电路形成振荡器。其内部电路及引脚排列图如图 6.1.3 所示。

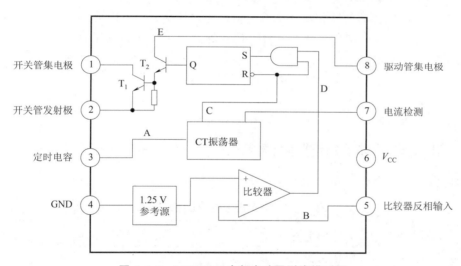

图 6.1.3 MC34063 内部电路及引脚排列图

1 脚为开关管 T_1 集电极引出端；2 脚为开关管 T_1 发射极引出端；3 脚为定时电容 C_T 接线端，调节 C_T 的大小可使工作频率在 100 Hz ~ 100 kHz 范围内变化；4 脚为电源地；5 脚为电压比较器反相输入端，同时也是输出电压取样端，使用时应外接两个精度不低于 1% 的精密电阻；6 脚为电源端；7 脚为负载峰值电流取样端；6、7 脚之间电压超过 300 mV 时，芯片将启动内部过流保护功能；8 脚为驱动管 T_2 集电极引出端。

（2）工作原理。

稳压电路整体的稳压过程是充分利用电感 L 和电容 C 的储能特性：i_L、u_C 随时间按指数规律变化，但不能突变，当 U_o↑→U 取样电压↑→开关管导通时间变短→U_o↓；反之，开关管导通时间变长，使 U_o↑。

MC34063 及外围电路具体稳压过程如下。

①5 脚取样电压与内部基准电压 1.25 V 同时送入内部比较器进行电压比较。当 5 脚的电压值低于内部基准电压 1.25 V 时，比较器输出为跳变电压，开启 RS 触发器的 S 脚控制

门，RS 触发器在内部振荡器的驱动下，Q 端为"1"状态（高电平），驱动管 T_2 导通，开关管 T_1 也导通，从而使外围三极管 VT_1（13005）导通，其输出电压经电感 L_1 输出，此时电感 L_1 储能（产生左正右负的感生电动势），续流二极管 D_5（1N5819）截止；当 $i_L > I_o$ 时，对 C_3 充电以提高输出电压，达到自动控制 U_o 稳定的作用。

②当 5 脚的电压值高于内部基准电压 1.25 V 时，RS 触发器的 Q 端为"0"状态（低电平），T_2 截止、T_1 截止，从而使 VT_1（13005）也截止，电感 L_1 释放能量（产生左负右正的感生电动势），从 L_1 经过负载（或 R_3）、续流二极管 D_5 构成回路，给负载提供电流。当 $i_L < I_o$ 时，电容对负载放电，使 I_o 基本保持稳定，从而达到稳定 U_o 的作用。

其中，7 脚外接的 R_1 为过流保护电阻，3 脚外接三角波振荡器所需要的定时电容 C_3，电容值的大小决定振荡器频率的高低，也决定开关管 T_1 的通断时间。开关管导通与关断的频率称为芯片的工作频率。只要此频率相对负载的时间常数足够高，负载上便可获得连续的直流电压。

（3）输出电压的计算。

MC34063 内部比较器的反相输入端（5 脚）通过外接分压电阻 R_W、R_3 调节输出电压的大小。其仅与 R_W、R_3 的数值有关，因为比较器的基准电压为恒定的 1.25 V，所以当 R_W、R_3 阻值稳定时，U_o 也稳定。

具体计算公式为：$U_o = 1.25 \times \left(1 + \dfrac{R_W}{R_3}\right)$。

调节电位器 R_W 的大小，可以调节输出电压的大小。

四、开关电源电路元器件清单

开关电源电路元器件清单如表 6.1.1 所示。

表 6.1.1　开关电源电路元器件清单

序号	元件编号	原件名称	型号	参数	数量
1	R_1	电阻		0.1 Ω/1 W	1
2	R_2	电阻		2 kΩ	1
3	R_3	电阻		3.3 kΩ	1
4	R_W	电位器		25 kΩ	1
5	C_1	电容		470 μF/50 V	1
6	C_2、C_4	电容	104	0.1 μF	2
7	C_3	电容	181	180 pF	1
8	C_5	电容		1 000 μF	1
9	$D_1 \sim D_4$	二极管	1N4007		4
10	D_5	二极管	1N5819		1
11	L_1	电感		470 μH	1

序号	元件编号	原件名称	型号	参数	数量
12	VT_1	三极管	13005		1
13	U_1	集成块	MC34063		1
14		变压器	交流 220 V/14 V		1
15		管座		8 脚	1

五、产品制作

1. 元器件的识别与检测

对照元器件清单，检查元器件的型号、规格、好坏。

2. 焊接电路

按照电路图 6.1.1 焊接电路。焊接过程中严格遵守焊接规程，将各个元器件按照电路信号的流向进行布局，在电路复杂的情况下，可以按照电路图从左往右、从上往下的顺序，逐段进行焊接。

3. 功能测试

电路焊接完成后，先通过外观检查，确认电路没有明显问题的情况下，用万用表检查电路的输入端和输出端有没有出现短路现象，如果没有，可以通电测试。

（1）在空载状态下，调节 R_W，测量输出电压的范围。

（2）调节电位器 R_W，使输出为 12 V。然后接入 1 kΩ 的电位器和 100 Ω 的电阻，调节电位器 R_W，使输出电流为 50 mA，测出此时 a 点的纹波电压波形和纹波电压的大小。

（3）用示波器测出 C_3 两端的电压波形，并测出该波形的周期和频率。

（4）调节电位器 R_W，使输出为 12 V 时，测量该电源的等效内阻。

六、故障点分析

为加深对电子产品电路原理的理解，特设置了表 6.1.2 中几个故障点，通过观察每个故障设置对应的故障现象，提高电子技术工作人员分析和解决问题的综合能力，培养维修典型电子产品故障的专业技能。将测试结果记录在表 6.1.2 中。

表 6.1.2　开关电源电路故障分析与测试记录表

故障设置	故障现象
R_1 断路	
C_3 断路	
R_2 断路	
VT_1 损坏	
D_1 或 D_2 断路	

七、实训报告

撰写实训报告及体会。

要求：写出实训体会，以及实训过程中遇到的问题（问题描述要清楚、详细），分析其原因、处理方法。

综合实训二　数字钟电路的设计与调试

一、实训要求

设计并制作一个数字钟电路，要求电路具有下列功能：

（1）电路具有计时功能，能够显示"星期""时""分""秒"七位数字。

（2）电路具有整点报时功能。

二、实训目的

（1）掌握数字钟相关电路的组成及工作原理。

（2）掌握数字钟相关电路的设计方法。

（3）进一步掌握集成电路及有关电子元器件的综合应用。

（4）能按电路设计图安装、制作和调试数字钟相关电路。

（5）能对数字钟电路的典型故障进行分析、判断和处理。

三、数字钟电路简介

1. 数字钟电路框图

数字钟电路结构框图如图 6.2.1 所示。

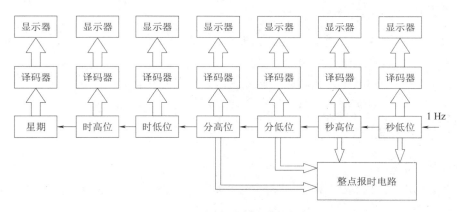

图 6.2.1　数字钟电路结构框图

2. 数字钟电路的工作原理

电路中，秒钟和分钟都是六十进制计数器，分为高位和低位两个部分，低位为十进制计数、高位为六进制计数；时部分为二十四进制；星期则为七进制计数。整机接通电源后，将 1 Hz 连续脉冲信号加入电路，秒低位按十进制规律计数，当连续输入 10 个秒信号后，低位计数器将进位信号送至秒高位计数器，使秒高位计数，当秒部分计数到"60"时，秒高位计数向分低位输入进位信号，使分低位计数；当分部分计数到"60"时，由分高位向时低位输入计数脉冲，使时部分计数；当时部分计数到"24"时，时高位向星期部分输入脉冲信号，使星期部分计数。

对于整点报时电路，当分钟和秒钟计数到 59 分 50 秒后，在 51、53、55、57、59 秒时，各报时一次，五次报时后电路恰好为整点时间。

四、实训设备及器材

实训设备及器材如表 6.2.1 所示。

表 6.2.1　实训设备及器材

设备及器材名称	型号	数量
数字式万用表	UT51	一块
数字电路实验箱	THD-1	一台
函数信号发生器	SFG-1003	一台
集成电路	74LS90	一片
集成电路	74LS30	一片
集成电路	74LS00	一片
集成电路	74LS21	一片
集成电路	74LS27	一片

五、实训预习要求

（1）阅读实训指导书，预习计数器、译码器、显示器的使用方法。

（2）复习函数信号发生器的使用方法。

（3）设计各个单元电路，在确认正确后再进行整体连接。

（4）如果电路要增加较时功能，应如何进行设计？

六、设计方案

1. 秒信号发生器

可用 555 时基电路构成多谐振荡器，产生频率为 1 Hz 的标准秒信号，或直接采用函数信号发生器提供 1 Hz 标准秒信号。

2. 计数器

用 7 片集成计数器 74LS90 分别构成"星期""时""分"和"秒"计数电路。"秒"和"分"均为六十进制计数器，即显示 00~59，它们的低位为十进制，高位为六进制。"时"为二十四进制计数器，显示范围为 00~23，当小时高位为"0"和"1"时，个位仍为十进制计数，当时高位为"2"时，个位则为四进制计数。当时计数器计到"24"时，高位和低位同时清零，实现二十四进制计数。

星期为七进制，但是为了显示"星期日"，需要将计数结果"0000"变更为"1000"，以实现星期一至星期日的显示。

3. 译码器

由 7 片 4 线−7 线译码器/驱动器 CD4511（CC4511）组成，用于将"秒""分""时""星期"这 7 个计数器输出的 8421 码译成显示器所需要的驱动信号。

4. 显示器

由 7 块共阴极 LED 七段显示数码管组成，根据译码器送来的驱动信号，将"秒""分""时""星期"计数器的结果显示出来。

5. 参考单元电路

秒/分计数电路如图 6.2.2 所示，电路中低位为标准十进制连接方法，每当计数到"9"后，自然清零并同时向高位输入一个脉冲信号，使高位计数。高位为六进制，将 Q_2、Q_1 分别接 R_{0A}、R_{0B}，当高位计数到"6"时，$R_{0A} = R_{0B} = 1$，计数器会立即清零，由于清零时间很短，所以计数器虽然计到了"6"，但显示器却不能显示，其最大显示只到"5"。

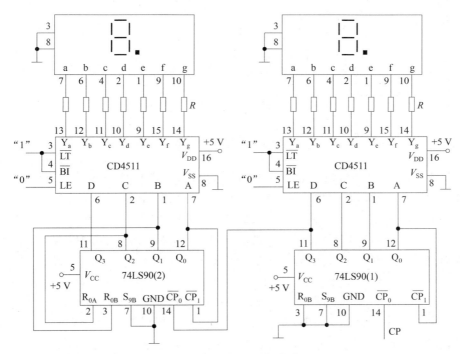

图 6.2.2 秒/分计数电路

时计数电路如图 6.2.3 所示，"时"为二十四进制计数器，显示范围为 00~23，当小时高位为"0"和"1"时，个位仍为十进制计数，当时高位为"2"时，个位则为四进制计数。当时计数器计到"24"时，高位和低位中的 $R_{0A} = R_{0B} = 1$，同时清零，实现二十四进制。

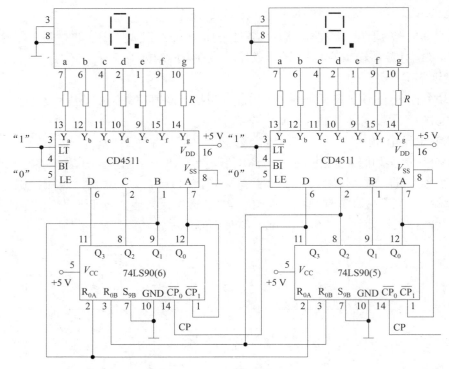

图 6.2.3　时计数电路

星期计数电路如图 6.2.4 所示，电路为七进制计数，将 $Q_2Q_1Q_0$ 接与门输入端，与门输出端同时接计数器 R_{0A} 和 R_{0B}，当计数到"0111"时，$R_{0A}=R_{0B}=1$，计数器清零，实现七进制；但是为了显示"星期日"，需要将计数结果"0000"变更为"1000"，以实现星期一至星期日的显示。将 $Q_2Q_1Q_0$ 分别接或非门的输入端，或非门的输出端则接入译码器的"D"，当计数器计至"0000"时，或非门输出一个高电平"1"，此时译码器的输入信号为"1000"，从而实现"日"（8）的显示。

整点报时电路如图 6.2.5 所示。当分钟和秒钟计数到 59 分 50 秒后，在 51、53、55、57、59 秒，各报时一次，五次报时后电路恰好为整点时间。当分钟计到"59"、秒高位计到"5"时，此时分高位 Q_2、Q_0，分低位 Q_3、Q_0，秒高位 Q_2、Q_0 这 6 个信号全部为"1"，当秒低位 Q_0 为 0、2、4、6、8 时，三极管基极电平为"0"，三极管截止，不发出报时声音，当秒低位 Q_0 为单数 1、3、5、7、9 时，八输入与非门获得一个高电平信号"1"，其输出为"0"，再经与非门反相，输出一个高电平信号"1"，驱动三极管导通，发出报时声音。

七、实训内容

（1）完成数字钟逻辑电路的设计，要求电路设计正确、标注完整，图面整洁，布局合理。

（2）在数字电路实验箱上完成数字钟电路的安装、调试、功能测试。

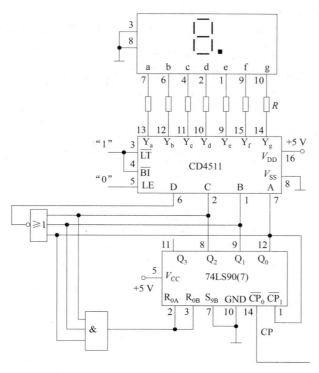

图 6.2.4　星期计数电路

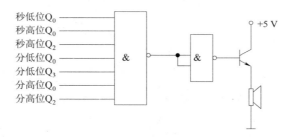

图 6.2.5　整点报时电路

八、电路故障的处理

1. 计数器工作不正常

用万用表做如下测量：

（1）检查计数器工作电源是否正常：电源 V_{CC} 引脚电压为 +5 V，GND 端为 0 V。

（2）检查功能端：S_{9A}、S_{9B} 中必须有一个为低电平，如果同时为"1"，则显示器一直显示为"9"；R_{0A}、R_{0B} 中也必须有一个为低电平，如果同时为"1"，则显示器始终显示"0"。此时应再检查清零信号的连接，检查是否断线、是否门电路工作不正常。

（3）检查输入脉冲是否正常。

（4）检查 Q_0 至 $\overline{CP_1}$ 的连接是否正常。

2. 门电路工作不正常

（1）检查门电路的工作电源是否正常：电源 V_{CC} 引脚电压为+5 V，GND 端为 0 V。

（2）检查门电路的输入信号是否正常。

（3）根据门电路的输入信号，确定门电路的输出是否正常。

九、实训报告

撰写实训报告及体会。

要求：写出实训体会，以及实训过程中遇到的问题（问题描述要清楚、详细），分析其原因、处理方法。

附　录

常用集成电路引脚排列图

一、74 系列 TTL 集成电路

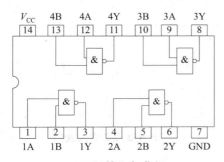

74LS00 四 2 输入与非门

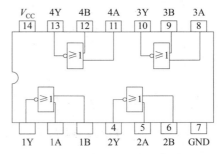

74LS02 四 2 输入正或非门

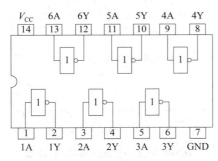

74LS04 六反相器

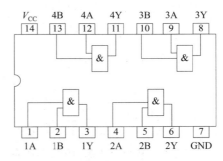

74LS08 四 2 输入与门

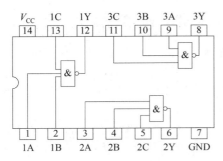

74LS10 三 3 输入正与非门

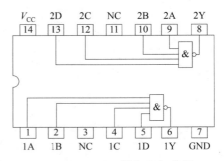

74LS20 双 4 输入正与非门

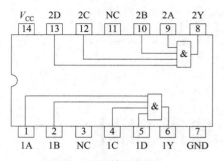

74LS21 双 4 输入与门

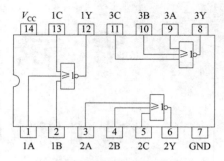

74LS27 三 3 输入正或非门

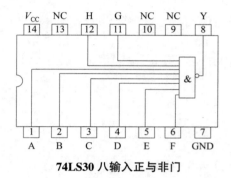

74LS30 八输入正与非门

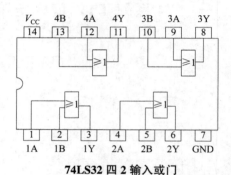

74LS32 四 2 输入或门

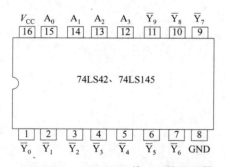

74LS42、74LS145 4 线－10 线译码器

74LS48 BCD－七段译码器/驱动器

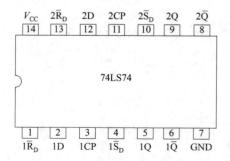

74LS74 上升沿触发双 D 触发器

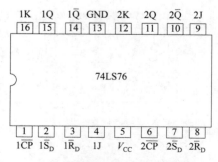

74LS76 下降沿触发双 JK 触发器

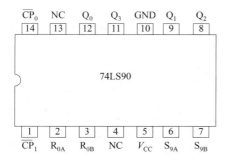

74LS90 二五十进制异步加计数器

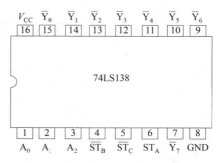

74LS138 3 线-8 线译码器

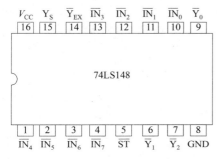

74LS148 8 线-3 线优先编码器

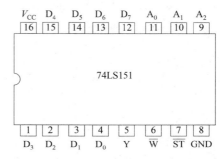

74LS151 8 选 1 数据选择器/多路转换器

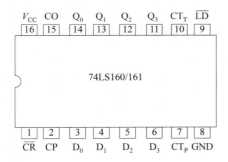

74LS160 十进制同步计数器

74LS161 4 位二进制同步计数器

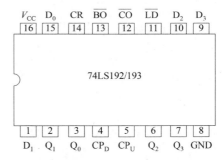

74LS192 可逆同步双时钟十进制加/减计数器

74LS193 可逆同步双时钟 4 位

二进制加/减计数器

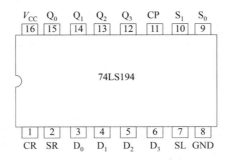

74LS194 4 位双向移位寄存器

二、CMOS 系列集成电路

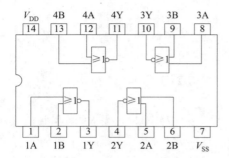

4001 四 2 输入正或非门

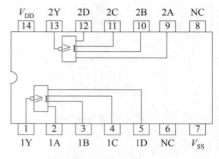

4002 双 4 输入正或非门

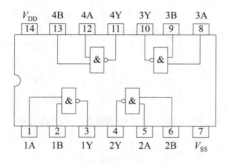

4011 四 2 输入正与非门

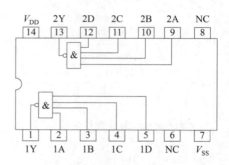

4012 双 4 输入正与非门

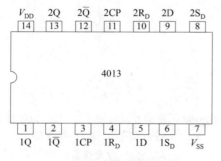

4013 双主从 D 触发器

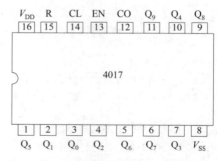

4017 十进制计数/脉冲分配器

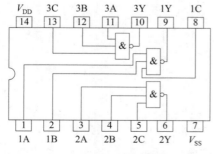

4023 三 3 输入正与非门

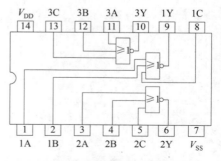

4025 三 3 输入正或非门

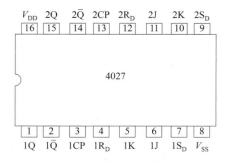

4027 双 JK 触发器

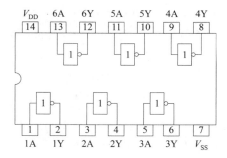

4069 六反相器

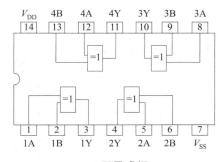

4070 四异或门

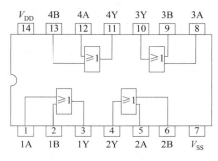

4071 四 2 输入正或门

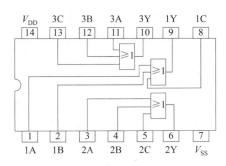

4075 三 3 输入正或门

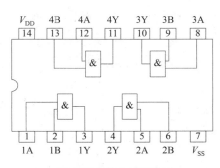

4081 四 2 输入正与门

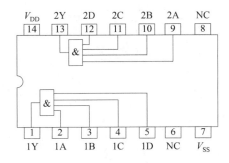

4082 二 4 输入正与门

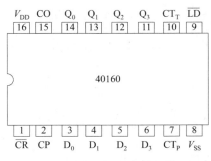

40160 十进制同步计数器

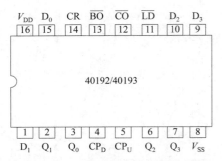

40192 可逆同步双时钟十进制加/减计数器

40193 可逆同步双时钟 4 位二进制

加/减计数器

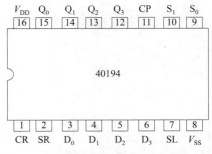

40194 4 位双向移位寄存器

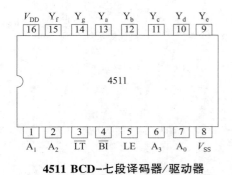

4511 BCD-七段译码器/驱动器

4512　8 选 1 数据选择器

三、555 时基电路

555 时基电路

556 双时基电路

四、基本运算放大电路

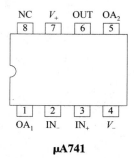

μA741

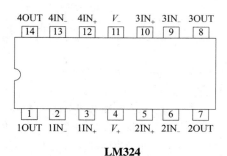

LM324

参 考 文 献

［1］林爱平. 电子线路实验 ［M］. 北京：高等教育出版社，1996.

［2］谭永红. 电子线路实验进阶教程 ［M］. 北京：北京航空航天大学出版社，2008.

［3］张琴. 电子技术实验实训项目教程 ［M］. 天津：天津大学出版社，2019.

［4］廖先芸. 电子技术实践与训练 ［M］. 北京：高等教育出版社，2000.

［5］陈大钦. 电子技术基础实验 ［M］. 北京：高等教育出版社，2014.